书山有路勤为径，优质资源伴你行
注册世纪波学院会员，享精品图书增值服务

ARTIFICIAL INTELLIGENCE

101 Things You Must Know Today About Our Future

人工智能

你需要知道的101件事

[芬] 拉塞·鲁希宁（Lasse Rouhiainen） 著

王齐 楼政 译

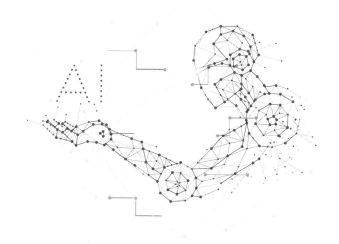

电子工业出版社

Publishing House of Electronics Industry

北京·BEIJING

Artificial Intelligence: 101 Things You Must Know Today About Our Future

Text by Lasse Rouhiainen

Copyright © 2019 by Lasse Rouhiainen

Chinese language edition copyright © 2021 by Publishing House of Electronics Industry Co., Ltd.

All rights reserved.

版权贸易合同登记号　图字：01-2020-6439

图书在版编目（CIP）数据

人工智能：你需要知道的 101 件事 ／（芬）拉塞・鲁希宁（Lasse Rouhiainen）著；王齐，楼政译. —北京：电子工业出版社，2021.12

书名原文：Artificial Intelligence: 101 Things You Must Know Today About Our Future

ISBN 978-7-121-25059-0

Ⅰ.①人… Ⅱ.①拉… ②王… ③楼… Ⅲ.①人工智能 Ⅳ.① TP18

中国版本图书馆 CIP 数据核字（2021）第 271643 号

责任编辑：卢小雷
印　　刷：三河市良远印务有限公司
装　　订：三河市良远印务有限公司
出版发行：电子工业出版社
　　　　　北京市海淀区万寿路173信箱　　邮编：100036
开　　本：880×1230　1/32　印张：8.5　字数：220千字
版　　次：2021年12月第1版
印　　次：2021年12月第1次印刷
定　　价：78.00元

凡所购买电子工业出版社图书有缺损问题，请向购买书店调换。若书店售缺，请与本社发行部联系，联系及邮购电话：（010）88254888，88258888。

质量投诉请发邮件至zlts@phei.com.cn，盗版侵权举报请发邮件至dbqq@phei.com.cn。

本书咨询联系方式：（010）88254199，sjb@phei.com.cn。

译者序

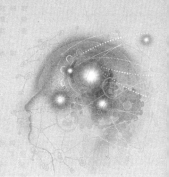

近年来，大量的人工智能应用如雨后春笋般出现在人们的日常生活中。

在计算机和手机上，只要开启智能助手就可以进行语音录入；在练歌房可以用语音快速点歌；在驾驶汽车时也可以用语音来控制导航、播放、灯光、车窗、空调等。

在服务行业，也出现了各种各样的机器人服务员。在餐厅，机器人服务员承担了迎宾和送菜的工作；在宾馆，机器人服务员能自行乘坐电梯将物品送到客人的房间；一些机器人甚至可以炒菜或照顾患者……

更令人振奋的是，人工智能及其应用能够在一些危难险重的情况下发挥巨大的作用。例如，在突发疫情时，自动驾驶消毒车可以在道路上自动喷淋消毒液，消杀病菌。在遭遇自然灾害时，无人机可以飞到重点灾区建立空中基站，恢复中断的通信，为实施科学精准的实时救援打通应急通信保障的生命线；还可以实现医疗、生活物资的定点投放，从空中开辟紧急救援通道。此外，警方也在利用人工智能技术来迅速定位犯罪嫌疑人并实施抓捕。

人工智能正从书本中的抽象概念变成一个个令人目不暇接的具体形态，展现在人们面前。

然而，由于对人工智能缺乏系统的认识和了解，有些人沉浸在兴奋的情绪中，陶醉在人工智能带来的便利中。也有些人对其产生了疑问、困惑甚至焦虑……事实上，很多读者并不需要掌握十分专业的计算机学科知识，他们迫切需要的是人工智能方面的普及性知识。然

而，在市场上，人工智能方面的普及性读物较为缺乏。因此，本书的出版可谓恰逢其时，满足了广大读者的需要。

正如人工智能对社会的改变具有普遍性一样，本书的读者范围也是非常广泛的，从学生、教师、职场人士、创业者、企业家到政府、部队、医疗工作者，甚至从事农业工作的人员都可以从中受益。

作为译者，在翻译过程中，我们遵守了以下原则。

一是，术语和词汇的译法与已被社会和大众普遍接受的通用表述保持一致。

二是，对于个别尚未达成统一译法的术语，在经过考证和充分讨论后，按照有利于读者正确理解原著的原则确定译法。

三是，为了保证读者顺利阅读，我们在译文中增加了译者注。

在本书的翻译过程中，得到了中共沈阳市沈河区委党校李雪华教授的大力帮助。她在语言结构、用词表达等方面给予了无私的指导，并提出了有益的建议。澳门城市大学在读研究生王慧宁同学在本书的文字、图像编辑方面也提供了帮助。尤其值得一提的是，达瑞电子股份有限公司董事长李清平先生对本书的翻译给予了大力支持，在此一并表示感谢！

由于译者的水平有限，难免有疏漏之处，敬请读者批评指正。如果您对本书的翻译有任何疑问、意见或建议，欢迎随时和我们联系。邮箱为1115330126@qq.com，微信和手机号为18029169969。

愿本书能为读者带来价值，能引起读者研究新事物的兴趣，甚至激发勇于实践的动力！

最后，引用本书最后一句话献给大家："行动起来——当下有为，未来可期！"

王齐　楼政

2021年夏

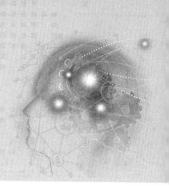

前言

我17岁时听到一则新闻，在一场国际象棋比赛中，一台计算机战胜了人类世界冠军加里·卡斯帕罗夫。这是发生在1996年的事情。那台名为"深蓝"的计算机是由IBM公司开发的。这件事情让我觉得有趣之余，还让我感到有些可怕——面对以前只有人类才能完成的任务，计算机变得越来越强了。

在以前，计算机科学从未引起过我的注意。但从那时起，我开始对与人工智能相关的新闻产生了一些兴趣。

在过去的十年里，我举办了很多关于社交媒体和数字营销的国际讲座和研讨会。因此，我工作中的一个重要内容就是紧跟技术发展趋势，以及关注各大科技公司的未来规划。

近年来，我开始意识到人工智能在社交媒体中扮演了越来越重要的角色。同时，所有大型科技公司（如谷歌、脸书和亚马逊等）开始研发人工智能并将其应用于产品和服务。这些激起了我的好奇心，让我至今一直保持着对该领域发展的密切关注。

2016年，在写一本关于未来教育的书时，我在研究中惊奇地发现，人工智能可用于改进教育的各个方面。当然，人工智能显然也适用于其他领域。尽管人工智能具备为其他领域提质增效的潜质，但有关这方面的信息不是很多。

与此同时，当我在大学讲授人工智能及其如何影响社会的课程时，发现学生们对此兴致盎然，也期望更多地了解这个课题。我在洛

杉矶、塞维利亚和赫尔辛基开办讲座时的情况也是如此。与会者对人工智能给人们带来的巨大变化表现出强烈的好奇心。这些都激励我继续研究这个课题，最终成就本书。

除此之外，我还看到，有关人工智能的报道经常会引起轰动。例如，机器人是否会替代人们所有的工作，或者人工智能在什么时候会变得比人类更加聪明等。但在这些报道中，我看不到有关人工智能将如何影响人们日常生活的实用信息。这也是我决定写本书的另一个原因。

简而言之，撰写本书的主要目的就是分享关于人工智能及其影响的各种观点。我相信，人工智能相关信息的匮乏是当今社会最重要的问题之一。

未来几年，人工智能将会帮助人们更出色、更快捷、更经济地完成很多任务，我们将深受其益。但随之而来的是，人工智能也会给人们带来一些巨大的挑战，对此，我们必须尽可能地做好准备。

未雨绸缪，这些准备我们做得越早越好。我认为最好的办法就是，开展更多有关人工智能的讨论和教育，这将有助于人们理解人工智能将给我们的生活带来的根本性改变。

为了做好准备以应对人工智能带来的挑战，人们应该在世界范围内对人工智能的三个关键方面投入更多的关注和资源：

1. 对因人工智能、机器人和自动化而失业的数百万失业者进行再教育。

2. 建立应用人工智能和机器人的伦理准则，公平、公正地促进全人类的普遍福祉。

3. 防止因过度使用人工智能而造成的技术成瘾或其他精神疾病，如焦虑症和孤独症等。

本书旨在建立一个总体框架来帮助你更好地理解并适应新的"人

工智能时代"。

在本书中，我用简单易懂的语言回答了101个有关人工智能的问题。本书通过一些浅显的例子展示了人工智能给业界和社会带来的机遇和挑战。本书并未专注于人工智能的技术方面，而是旨在帮助人们了解如何适应快速发展的人工智能时代。

本书共十章。

第1章对人工智能进行了概述，帮助你了解数据在技术高速发展过程中的作用，以及人工智能的一些优缺点。同时对一些关键术语进行了解释，并对该领域的一些最著名的专家进行了介绍。

通过对第2章的阅读，你会了解人工智能是如何彻底改变各行各业的。其中包括已经发生改变的十个行业，即金融、旅游、医疗、交通、零售、新闻、教育、农业、娱乐和公共服务。

在第3章中，你将了解人工智能是如何改变企业的运营方式的。你将发现，企业的销售、营销、会计、人力资源和客户服务等流程都可以通过使用人工智能得以高效运行。

在第4章中，你将了解聊天机器人正在如何改变通信行业，聊天机器人如何改善企业与消费者的沟通，让沟通变得更加简单，以及聊天机器人的一些优缺点。

第5章介绍了人工智能对就业市场的巨大影响。人工智能将赋能机器人完成以前只有人类才能完成的任务，许多人会因此失业。你将了解人工智能将如何影响社会，包括：有多少工作岗位会消失，哪些类型的工作岗位会被机器人先行取代。本章给那些工作可能受到影响的人提供了一些实用技巧。例如，在未来就业市场中，哪些技能将最有价值，以及如何在人工智能时代拓展新业务等。

在不远的将来，几乎所有车辆都将实现自动驾驶。在第6章中，你将看到这个令人心动的崭新事物是怎样改变人们的生活方式的。同时

还介绍自动驾驶汽车的一些优缺点。你也会找到一些问题的答案，例如汽车企业是如何准备应对这一变化的，以及哪些国家已经开始测试自动驾驶汽车。

在第7章中，你将了解关于机器人的一些最常见问题的答案，例如，什么是机器人？机器人有哪些种类？与机器人共同生活有哪些伦理问题？本章还包括一些与机器人技术相关的宝贵资源。

人工智能是当今所有科技巨头公司（如谷歌、脸书、亚马逊、苹果、微软、英伟达和IBM等）的头等大事。第8章重点介绍了这些公司研发和推出的人工智能产品和服务。在本章中，你还可以了解几家中国科技公司（如阿里巴巴、腾讯和百度等）正在开展的人工智能项目的一些详细信息。

最后两章主要回答了有关人工智能的常见问题。第9章关注的是一些基本问题，即人工智能在人们生活中应用的一些相关问题，例如，人们对人工智能的恐惧，对伦理道德、隐私问题、社交障碍的担忧等。

第10章讨论了人工智能对社会的潜在影响。例如，人工智能如何被武器化或用于政治宣传，以及人工智能是否有助于消除贫困，或者实现世界和平等。

在本书中，你将看到我用各式各样的图片或可视化方式来展现书中所讨论的观点，这么做是为了提高你的阅读体验，也有助于你对一些概念的理解。

我希望本书中的知识能激励你积极接受新的现实，因为在人们的生活中人工智能实在太重要了。我鼓励你和人工智能并肩携手，在它的协助下与它共建更加美好的未来。

期待你能喜欢本书。如果你觉得它很有价值，请与其他人分享你的观点，也可以在亚马逊网站上发表评论。

请访问我的个人网站，在完成注册后你可以获得一些免费材料及一些关于人工智能的实用链接。

此外，你可以在领英（LinkedIn，一个全球职场社交平台。——译者注）上与我取得联系（搜索"lasserouhiainen"）。

也欢迎你在我的网站上了解我的其他书籍。

拉塞·鲁希宁

目 录

第1章
人工智能引论

什么是人工智能

人工智能可以看见、听到和理解事物吗

为什么人工智能如此重要？

人工智能和数据

人工智能的发展有多么迅猛

第四次工业革命

人工智能的优缺点

人工智能与你的关系

人工智能专家

人工智能术语

在本章中，你将从非技术的角度来了解人工智能的总体情况。我将介绍人工智能的基本定义、重要性、在生活中的作用和一些其他相关内容。我也将分享我对人工智能如此着迷的原因。

我还将讨论一些方法（你可以用这些方法将人工智能应用在你的个人职业生活中），并提供开发人工智能产品和服务的基本指南。在第8章，我将更为深入地介绍应用人工智能的方法，其中还谈及一些公司参与人工智能开发的进展情况。

本章旨在激发你的好奇心，并分享应用人工智能的一些创意。我并不打算包罗万象地介绍关于人工智能的所有信息，我更希望你能在这里找到有价值的信息，从而激励你对人工智能及其应用进行更深入的研究。

在本章结尾，你还将了解到当前人工智能领域的一些领军人物和专家的资料。我写本书的灵感主要来源于他们这些创新者和未来主义者，我强烈建议你多去了解他们的观点和成就。

什么是人工智能

如果有人问你人工智能的定义是什么，你会怎么回答？

人工智能是一个非常复杂的主题。因此，你可能见到各式各样的定义。以下是谷歌对人工智能的定义：

"人工智能是一种计算机系统的理论和发展，能够执行需要人类智能才能完成的任务，如视觉感知、语音识别、决策制定和语言翻译等。"

在我开办的研讨会上，我将人工智能的定义简化为：使用计算机

来做通常需要人类智能才能完成的事情。不过，我个人更喜欢在线刊物*Quartz*给出的有关人工智能的更详细、更完整的定义：

"人工智能是一套具备学习机制的计算机软件或程序。它会像人类一样用学到的知识做出决策。软件开发者通过编写代码实现对图片、文本、视频、音频的读取，并通过学习来从中获取信息。机器一旦完成了学习，获取到的知识就可以用于所需之处。"

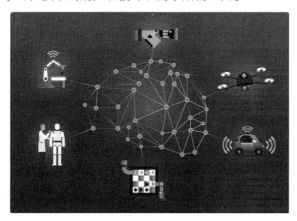

人工智能应用实例

换句话说，人工智能就是机器使用算法从数据中学习，并用所学到的知识像人类一样做出决策的能力。与人类不同的是，应用人工智能的机器无须休息或间断工作，它们可以很快完成海量的信息分析。而且在完成同一数据分析任务时，人工智能产生的误差要比人类这个"对手"小得多。

本书提供了一些开发和应用人工智能的例子，以说明人工智能将为商界和整个社会带来的新机遇和挑战。本书并未对人工智能技术方面的细节进行阐述，但在本章末尾提供了一个资料清单，可以为想深入研究人工智能技术的读者提供参考。

计算机（或程序）既能学习又会做决策的想法很重要，应引起

关注，因为计算机的处理速度是随时间呈指数级增长的。由于实现了"学习"和"决策"这两项技能，人工智能系统现在可以完成许多以前只能靠人类才能完成的任务。

人工智能已经应用到生活中的每个领域，明显改善和提升了效率，人类深得其益。随着人工智能的不断发展，它将越来越多地改变人们的生活和工作方式。

人工智能的另一个益处是，可以让机器（或机器人）承担人类认为困难、无聊或危险的任务，从而使人类能够"做"一些曾经不可能完成的事情。

人工智能的缺点是，由机器来完成当前正由人类执行的任务，会使劳动力市场受到严重影响。人工智能还可能引发政治权力斗争。这些内容将在其他章节中进行介绍。

人工智能几乎可以应用于所有情境中，在其中重塑人们的体验，让事情变得更美好和更高效。

目前，人工智能正在进入高速发展时期，以下是它的一些应用。

- **静态图像识别、分类和标记**。这些工具在很多行业都得到了广泛应用。
- **交易策略算法的改进**。这项技术已经被金融行业以各种方式应用。
- **高效、可扩展的患者数据处理**。该技术使患者的护理工作更高效，也更有效果。
- **预知性维护**。这是另一个在各行业被广泛应用的工具。
- **目标检测与分类**。常用于自动驾驶汽车行业，也有在其他领域应用的可能。
- **社交媒体内容分发**。这是一种主要用于社交媒体的营销工具，也可以用于提高非营利组织认知能力或公共服务信息传播。
- **防范网络威胁**。对于银行和在线支付系统来说，该技术是一个

重要的安全保护工具。

虽然前面的一些例子有些技术性，但显而易见的是，人工智能将使人们可以更好地看见、听到和理解周围的世界。正因为具备了人性化的特征，人工智能将开辟一个焕然一新、无所不能的世界。

人工智能将通过对相关问题提供建议和预测的方式，让人们的生活变得更加简单。这些问题通常与人们的生活密切相关，如健康、福利、教育、工作及如何与其他人交流等。

一些公司迅速理解、掌握了这些人工智能工具并在工作中有效地使用。人工智能会给这些公司带来先发的竞争优势，从而重塑传统的商业模式。

"人工智能"这个词有时听起来有些吓人。因此，一位顶尖的人工智能专家塞巴斯蒂安·特隆建议将其改为"数据科学"，使用这个中性词汇或许会提高公众的接受度。

人工智能、机器学习及深度学习

机器学习

机器学习是人工智能的一个重要分支。简而言之，机器学习是计算机科学中的一个领域，即在没有专门编程的情况下使计算机（或机器）具备学习能力。在某种情况下，计算机（或机器）通过学习能够给出建议或预测的结果。

回想20世纪80年代时的第一台个人计算机，那时的个人计算机必须经过专门编程才能执行命令。相比之下，有了机器学习后，人工智能设备可以从用户的使用中获得经验和灵感，从而为用户提供个性化的使用体验。例如，在脸书等社交媒体中的个性化定制，以及在谷歌的搜索结果中，你都会看到机器学习的一些基本应用。

机器学习是机器使用算法从数据资料中进行学习的模式。例如，垃圾邮件过滤器通过机器学习来检测哪些邮件是垃圾邮件，然后将垃圾邮件与合法电子邮件分开。这是一个简单的例子，说明了如何使用算法从数据中学习并将学习所获得的知识用于决策。

机器学习可分为：监督学习、无监督学习和强化学习等。

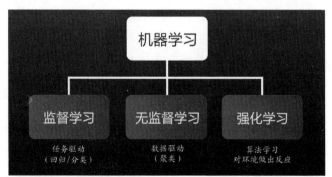

机器学习的种类（图片来源：Analytics Vidhya）

监督学习是指使用经过标记或组织的数据进行计算。在使用这种方法时，需要人工输入才能够实现学习反馈。

无监督学习是指使用未经标记或组织的数据执行算法，无须人工干预就能找出数据关系的结果。

最后说一下**强化学习**，这是指算法能够依靠经验进行自我学习。无须设定具体目标，只强调各种尝试中的最佳方案。

深度学习

人工智能最强大的、发展最快的应用之一就是深度学习，它是机器学习的一个子域。深度学习用来解决人们以前认为过于复杂且时常涉及海量数据的问题。

深度学习通过神经网络的应用得以实现，而神经网络则通过分层来识别数据中的复杂关系和模式。深度学习需要强大的计算能力来处理庞大的数据集。深度学习目前用于语音识别、自然语言处理、计算机视觉和辅助驾驶系统的车辆识别等领域。

深度学习的一个应用实例是脸书的翻译功能。近期，脸书透露，在应用深度学习后，其网站翻译功能每天的使用量约为45亿次，目前主要用于一些短文翻译，如用户个人资料发布及状态更新等。脸书靠人工智能的深度学习工具把这些信息自动翻译成不同的语言。如果不用深度学习，这项工作就需要一个庞大的翻译团队才能完成，并且成本高昂。

如需从技术层面更好地理解深度学习及其应用，我推荐安德鲁·吴教授的在线课程，他是深度学习领域的顶级专家。这个课程可以在DeepLearning.AI的网站上找到。你也可以在 deeplearningbook的网站上了解到更多内容。

我建议读者至少参加一门与人工智能和机器学习相关的在线课程，如有需要可浏览UDACITY或edX这两个网站。

在本书中，我有时想表达的意思是"深度学习"或"机器学习"的技术含义，但为了简单起见，我统一使用"人工智能"这个词来代

替这两者。所以，请读者注意，在本书中，"人工智能"一词的意义更具普遍性。

人工智能技术及应用已经开始成为头条新闻。但遗憾的是，也有很多误导性的事件和文章在广为传播，这导致公众产生了一些困惑。获取关于人工智能最新资讯的一个最好、最可靠的办法是访问AI Index网站。这个综合性网站提供了关于人工智能的大量可靠资讯，内容包括一些前沿专家（如塞巴斯蒂安·特隆、埃里克·布林约夫松、李开复和安得鲁等）对人工智能最新趋势所发表的见解。

人工智能可以看见、听到和理解事物吗

当今的人工智能技术在**看见**（计算机视觉）、**听到**（语音识别）和**理解**（自然语言处理）等方面的功能已经比以前强大很多了，这可以帮助我们更好地理解人工智能对人们生活带来的巨大影响。下图较好地展示了这一概念。

人工智能可以看见、听到和理解事物

人工智能方面的科学家在这三个领域都取得了惊人的进展。例如，谷歌宣布已经开发出了计算机视觉技术，可以将黑白照片和视频变成彩色。

谷歌还开发了语音识别技术，该技术可以像人类一样听懂英语，其准确率高达95%。

在计算机视觉领域人工智能也取得了令人难以置信的成就。麻省理工学院的科学家们已经开发出人工智能视觉技术，该技术利用无线电波以实现隔墙观物。

在不久的将来，人们即将看到人工智能在这三个领域取得更多的成果。可以肯定的是，当人工智能可以完美地实现看见、听到和理解时，将会为人类提供不可估量的帮助。

尽管这三种感知能力都很重要，但计算机视觉是最重要的，因为它能为人类提供最有益的用途，如自动驾驶汽车、面部识别、无人机和机器人等。

我的预测是，在未来，计算机视觉技术的应用将无处不在，几乎将涵盖你家中的每台设备。例如，冰箱将使用计算机视觉来查看缺了哪些物品，然后自己下单购买或更换；大多数建筑物都将使用计算机视觉技术用于安全保卫工作，这样就不再需要保安人员了；超市和其他零售商店也将采用这项技术，利用面部识别技术根据你的表情分析购买意愿，并根据分析结果向你推荐商品。

现在，联想一下你的工作：如何应用这三种人工智能技术（计算机视觉、语音识别和自然语言处理）中的一种或几种来帮助你更加高效地开展工作呢？

3

为什么人工智能如此重要

究竟是什么原因让人工智能变得如此特别和重要？

人工智能与深度学习专家安德鲁·吴把人工智能比作电力。他说，人工智能很快会使人们身处的社会和商业行为发生巨大的变化，并将改变人们的工作和生活方式。

我个人认为，学习人工智能的工作原理和理解它对人们生活的影响至少与学习阅读和写作同等重要。换句话说，我认为人工智能时代现在已经开启，所以尽可能多地学习非常重要，而且越早越好。

虽然学习人工智能的理由可以有很多，但我认为以下内容才是最重要的。

- **人工智能的实现速度**。新的人工智能技术正在不断推出，快得让人应接不暇。当下仅有少数人真正理解这些快速发展的技术对世界来说意味着什么。显然，这些快速的变化会为人们带来一系列挑战，关于这个话题，我会在后面的章节谈到。

- **对社会的潜在影响**。当人们开始把人工智能技术应用到生活的各个领域后，真的难以想象它会改进、革新或创造多少新事物。

- **各大科技公司优先发展人工智能**。谷歌以前曾将移动业务作为首要发展方向，但现在已经转到人工智能方面。几乎所有科技公司都斥巨资进行人工智能研发，这很清楚地表明了人工智能对企业来说有多么重要。

- **知识型员工短缺**。由于人工智能的发展十分迅猛，使得相关人才的需求量极大。不仅包括能够完成构建人工智能解决方案和

服务的数据科学家、机器学习专家等，也包括其他专业人员，如有关人工智能方面的教师和顾问等，这些人才能够向企业和个人解释人工智能发展的含义，从而帮助他们适应新的变化。

- **率先正确应用人工智能的企业将获竞争优势**。不论规模大小，每个企业都可以应用人工智能。而只有那些率先启用、正确实施人工智能的企业才会获得巨大的竞争优势。

- **世界范围的法律影响**。几乎每个国家都要结合人工智能时代的新趋势对法律法规进行修订和校正。将人工智能应用于医疗保健和交通运输等方面将会推动社会进步，然而各种获取数据的方式也应得到相应的规范。

- **伦理进程**。当人们为人工智能的发展做准备时，要促使科技公司合乎伦理、认真负责地发展新技术，才能够使人工智能更好地为全人类服务并提高全人类的生活水平。这件事说起来容易做起来难，随着人工智能的不断发展，这类政策的制定要越早越好。

- **分享优势与机遇**。人工智能会给未来带来机遇，科技公司的工作人员也往往倾向于提供正面的前景。但由于缺乏对人工智能工具的理解和掌握，人们往往会对其产生负面印象。因此，分享一些人工智能让人们受益的信息很重要，这会让人们更容易接受这些新技术。在未来，能工巧匠们都将与人工智能合作，建立人机伙伴关系，使工作更加高效。为了让每个人都了解如何合理地应用这些新技术，分享知识是很重要的。

- **私营部门与公共部门协同合作**。人工智能的研发不仅是科技巨头的事务。相反，它更需要人们发扬开放的国际合作精神。不但在不同规模的公司之间，而且在私营部门与公共部门之间都要广泛开展合作。

以上仅为人们关注人工智能的一部分原因。在本书结尾，你会看到包括上述内容在内的20个问题和答案，它们都与人工智能的重要性密切相关。

我希望，在你通读本书后，不但会对人工智能产生浓厚的兴趣，还会更开明地时常谈论人工智能，甚至能够亲自使用人工智能工具。

4

人工智能和数据

当你正在思考人工智能时，可能提出这样的问题：为什么人工智能如此重要？为什么众多科技公司都在致力于人工智能工具的开发和应用？

从发展的眼光来看，人工智能迅猛发展的一个明显原因就是计算机的处理能力呈指数级增长，这使计算机能够处理更为复杂的算法，而正是强大的算力和先进的算法驱动了人工智能的发展。

数据是推动人工智能发展的另一个重要的基本因素。我们可以认为，没有数据的存在就不可能创造出人工智能产品和应用程序。

在科技界经常能听到一句名言：“数据是新石油。”如今，世界上最有价值的公司通常就是那些能够获取和处理最多数据的公司。当然，数据的数量和质量同样重要。

在我看来，数据甚至比石油更有价值。在石油曾是最有价值商品的那些年，只有少数公司才能从中获益。然而，在今天，几乎每个人都可以学习人工智能和机器学习的基础知识，然后利用所学技能创造有价值的人工智能工具。人们在网上很容易就可以获得免费的资源，从而可以从中受益。

获取数据

在今天的世界，人们能够获取大量数据。相比当下，在30年前，关于医疗、交通、金融和其他重要行业的数据少之又少，所以不可能针对这些领域的基础问题创建基于人工智能的解决方案。

按相同的逻辑，可以做出较为可靠的假设：在十年后将有更多可用的数据，科技也会随之变得更加强大。

自动驾驶汽车和智能城市互联发展就是关于这一理念的优质实例。海量数据是成就这一切的关键因素，人工智能系统就是通过对海量数据的收集和分析来提高性能的。

数据分析通常依赖两类数据：结构化数据和非结构化数据。要真正理解人工智能系统，就必须认清这两类数据间的关键区别。

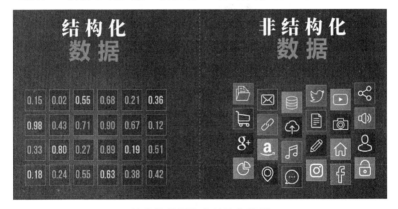

结构化数据和非结构化数据

传统上，结构化数据比非结构化数据用得要多一些。结构化数据包括纯粹的数据输入，如数值、日期、货币或地址型数据等。非结构化数据是更为复杂的数据类型，如文字、图像和视频等。随着不断的发展，人工智能工具已经可以对很多种非结构化数据进行解析，然后依据分析结果形成建议和预测。

在未来，强大的分析能力将使人工智能工具得到更广泛的应用。

据美林公司（Merrill Lynch）估计，全球有80%~90%的商务数据是非结构化的，这意味着对这类数据进行分析是极具价值的。这类非结构化数据的分析结果会让我们在现代社会中获得一系列优势，包括比别人享有更好的医疗选择、更安全的交通模式和更多的教育机会等。

数据在业界和社会中的应用

大数据有助于大型公司改善内、外部运营机制。李开复是一位风险投资家和**创新工场**的首席执行官。他阐述了数据对大型科技公司的重要性。他认为发展人工智能解决方案应包括以下五个步骤。

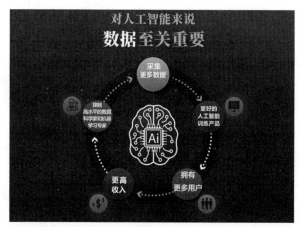

数据对人工智能的重要性（图片来源：李开复，创新工场）

- **采集更多数据**。谷歌搜索引擎涵盖了大量数据。同样，脸书也通过采集与社会趋势有关的数据而成了一个强大的社交网络。科技公司成功的关键在于，必须能为用户提供功能强大且适用的服务。只有这样，人们才愿意让科技公司采集他们的数据。

- **更好的人工智能训练产品**。在使用过程中，谷歌和脸书会让你感觉它们的服务是为你量身定做的。这可能就是人工智能工具创造出的个性化体验。

- **拥有更多用户**。当用户对产品或服务体验感觉良好时，就会推荐给他们的朋友。
- **更高收入**。更多的用户就意味着获得更高收入。
- **接触高水平的数据科学家和机器学习专家**。随着公司收入的增长，公司就能吸引更多的世界顶级的人工智能专家。

最终，越来越多的数据科学家和机器学习专家来到公司工作，使公司对人工智能的研究也更有成就。这不仅可以让公司变得更有价值，也为未来做了更好的准备。

尽管在本书中引用的多是美国科技公司，但此价值链对其他使用人工智能的国际大公司也同样适用，如阿里巴巴、百度和腾讯等。

由于数据是人工智能发展的至关重要的一部分，专家们要求大型科技公司应该公布一些它们拥有的数据，以使更多的应用程序和产品也能使用这些数据。

虽然这一理念带来了一些亟待解决的重大问题，但为了人工智能产品和服务的持续发展，保证这些数据的可用性是十分重要的。

本节简要介绍了数据对人工智能的重要性，希望你在阅读时获得启发，并开始思考如何设计或开发出基于人工智能的潜在应用程序。与本书中的许多其他主题一样，如果这个概念引起了你的关注，建议你进行更为深入的学习研究。

5

人工智能的发展有多么迅猛

正如你可能知道的那样，计算机正变得越来越强大，现在已经可以处理相当复杂的任务了。计算机不仅能够比以前更快、更有效地工

作，而且已经能够做一些以前必须由人类才能做的事情了，如语言翻译、乐曲谱写，甚至汽车驾驶等。

虽然你在新闻头条上可能看到一些由人工智能驱动的机器可以做这样或那样的事情，但如果让你思考一下人工智能的机器到底能够执行哪些任务，那也是一件费脑筋的事情！

人工智能的一个关键特性是，让机器学习新事物，而不是由人类为机器编程来完成特定的新任务。因而，未来的计算机与过去的计算机之间的区别就在于：未来的计算机将能够学习和自我提高。

在不久的将来，像苹果的Siri和亚马逊的Alexa这样的虚拟智能助手会比你最亲密的朋友或家人还了解你。你能想象人工智能会怎样改变人们的生活吗？这些变化正说明了充分认识新技术的影响是多么的重要。

让我们用一个简单的办法来了解计算机是如何学习事物的。这只需要我们回顾一下，了解基于人工智能技术的计算机在各种比赛中战胜世界顶级的人类对手的过程就可以了。

- **1996年**：IBM的"深蓝"战胜了国际象棋世界冠军加里·卡斯帕罗夫。
- **2011年**：IBM的"沃森"在*Jeopardy*智力竞赛节目中战胜了最优秀的人类选手。
- **2016年**：谷歌的"深思"战胜了世界最优秀的围棋选手。
- **2017年**："天秤"（一个卡内基梅隆大学开发的人工智能程序）在德州扑克游戏中击败了世界顶级选手。
- **2017年**：由DeepMind开发的"阿尔法狗"在没有任何人工数据的情况下，仅靠程序本身教自己下棋就达到了围棋的最高水平。

请看最后这项成就，"阿尔法狗"是由DeepMind（谷歌旗下的一个领先的人工智能公司）创造出来的，这是个能从零开始学习围棋的人工智能选手，这真是一件了不得的大事。尽管在这个例子中人工智

能只是用来下棋的，但在将来类似的技术会被用于很多领域，如研究如何治疗各类绝症等。

人工智能发展的一个重要里程碑出现在2018年6月。OpenAI（一个非营利人工智能研究公司）宣称完成了一项人工技能技术，该技术在多人即时战略游戏*Dota 2*中击败了人类的顶尖团队。这条消息的令人惊奇之处在于人工智能的学习速度竟然如此之快。公司让人工智能玩家在游戏中自我训练。通过训练，人工智能玩家在一天内就能获得人类玩家需要180年才能学会的知识和技能。

美国商人、慈善家比尔·盖茨确信这对于人工智能的发展来说是一个非常重要的成就。这是人工智能第一次在需要团队合作的游戏中击败人类。这一成就也表明，人工智能在未来很可能有助于解决很多复杂的现实问题。

如果人工智能以目前的速度继续发展，我们能想象三五十年后的世界会是什么样子吗？尽管难以做出远期预测，但在本书中我对近期（尤其是在未来3~10年）人工智能将如何改变世界进行了分析。然而，请记住，人工智能的学习能力是呈指数级增长的，而人类则更倾向线性思维。因此，人工智能在未来的真正潜力确实令人难以想象。

人工智能的环境计算

人工智能越来越擅长在后台执行各种任务（甚至在人们都没有注意到的情况下），而且这种执行能力会随时间的推移呈指数级增长。换句话说，将来，随着人工智能执行效率的提高，人们会越来越少地意识到人工智能的介入，这种现象被称为"环境计算"。

"环境计算"指的是一种数字环境。在该数字环境中，传感器、设备和智能系统在人类不知情的情况下使用人工智能来执行复杂任务。因为人工智能设备的体积变得越来越小，它们又在后台工作，给人们的视觉可见部分会越来越少。随着智能系统在通过物联网相互通

信方面变得更加先进，人工智能将在后台以更高效率实现更多功能。此外，随着语音命令技术的普及，在智能手机等智能设备上打字输入的需求会减少。因此，科技巨头公司都在致力于开发新型个人智能助理，它们能在"环境计算"状态下运行，许多当前人们在智能手机上的操作将来都可以在后台实现。所有这些因素都将有助于"环境计算"的快速发展。

　　无须主动要求，人们的日常生活将与各种业务和服务自动互联，有时我们甚至对此不会察觉。下面这个例子就说明了这一点，请看在线新闻网站Venture Beat上的报道：

　　"嵌入你衬衫的心脏监护仪为心脏病专家传送实时信息，专家把最新的处方发给你的药剂师，药剂师可能在你开车回家的时候向你的智能手表发送一条提示信息，以告知药已经准备好了。然后，你的自动驾驶汽车的导航系统会自动将路线更新为附近的药房，取药后你的智能手机会自动支付处方费。"

　　这些很可能在2025—2027年发生，到那时，人们日常生活中的很多事情将在"环境计算"状态下完成。这有一点像现在的电力：总是在后台工作，在它停止工作之前我们不会察觉到它。

6

第四次工业革命

　　科技的迅猛发展正极大地影响着世界各地的社会和商业格局。科技正在改变着人们的生活、工作、休闲及沟通方式。

　　近年发生的一场巨大的数字革命最初始于20世纪80年代，在当

时，个人计算机兴起，互联网诞生。

如今，有几项公众知之甚少的新技术已经开始对人们的生活和经营方式产生影响。这增加了世界的复杂性。在当今世界，就连跟上已知创新的步伐都是一项挑战，何况这些更复杂的新事物：许多新兴技术可以进行组合，从而导致跨业界、跨类别技术的复杂度呈指数级增加。

人工智能是对世界产生重大影响的最重要的现代技术之一。同时，还有很多其他值得关注的技术也将改变人们的生活。它们包括：3D打印、机器人技术、物联网、自动驾驶汽车、纳米技术和量子计算等。

就我个人而言，所有这些新技术都非常令人着迷。我相信每项技术都将使全人类受益。与此同时，它们也可能使人们面临许多新困惑和新挑战，因为新技术的实施速度往往比常人理解它们的速度更快。

世界经济论坛的创始人和执行主席克劳斯·施瓦布是第一个将这个时代称为第四次工业革命的人。

下图突出展示了第一次、第二次、第三次和第四次工业革命的主要特征。

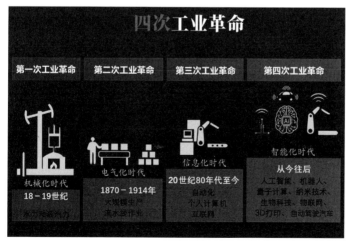

四次工业革命

一些专家认为，第四次工业革命所包含的技术在总体上具有同等重要性。然而，我认为，人工智能是第四次工业革命的核心，它是最重要的元素，我们都应该尽可能地多学习。

随着电力的普及，在第二次工业革命期间引入了大规模生产和流水线。这里引用人工智能和机器学习领域权威专家安德鲁·吴教授的话："人工智能是一种新的电力。"从本质上说，这意味着人工智能将是这个时代的关键要素。随着人工智能逐步融入人们的生活，它也将为其他技术提供动力。

对于每个想了解第四次工业革命会创造哪些潜力的人来说，都有难以置信的机会。你想在未来的就业市场中有所作为吗？想在未来创建一家成功的企业吗？那就开始学习人工智能、3D打印、机器人技术、物联网、自动驾驶汽车、纳米技术和量子计算这些新技术吧，大量的机会就在你的身边。

然而，就像之前提到的那样，人们也会在新的科技环境中面临一些挑战。克劳斯·施瓦布认为，这些新技术影响世界的速度过快，从而会导致许多问题。

人类倾向以线性的速度体验事物，因而难以跟上目前正以指数级增长的创新速度。

另一个挑战来自技术的进步方式，它可以迅速、显著地改变我们的生活。人们如何应对这些变化？诚然，尽可能多地学习每种新技术很重要，但努力领会那些使我们成为人类的特质，重视社交智能、情商和创造力等技能也同样重要。

最后，人们面临的挑战不仅是了解这些技术，而且还要懂得如何正确地使用它们。多年来，读写能力一直是人生成功所必需的最重要的手段。然而，就在过去几年里，数字素养和数字营销能力已经成为帮助人们获得成功所必需的主要技能。

我认为，在短期内，人们需要学习并掌握的关键技能就是人工智能素养和对第四次工业革命技术的理解。当我们学习新事物时，很重要的一点就是，要尽量与周围的人分享所学的新知识。

要想深入研究这些概念，了解关于第四次工业革命和人工智能的影响，克劳斯·施瓦布的《第四次工业革命》是个很好的学习资源。

7

人工智能的优缺点

随着人工智能技术的不断发展，它会影响人们的生活和工作。我们需要对这些发展有一个整体观念，才能了解这种发展带来的积极影响和消极影响。

正如我在本书中提到的那样，人工智能的发展带来的主要挑战体现在主流媒体上。一些媒体为了追求新闻报道的轰动性，发布了很多有关人工智能的且可能引起一些不必要恐慌的新闻。与此同时，人工智能有些真正的缺点本应引起人们关注，却少有相关报道。

例如，对于人工智能的一个最为显著的缺点，即由于人工智能和自动化的应用将造成大量人员失业的问题，我们都应该意识到并引起重视。

尽管这是个真正亟待解决的问题，然而并未得到主流媒体的足够关注。相反，大量新闻在突出报道人工智能带来的经济效益和新商机等内容。人工智能的这些积极方面当然无可非议，然而更重要的是，需要迫切关注劳动人口的再教育问题，让他们尽快获得更多的"人类软技能"，以解决未来就业市场的人才需求问题。人工智能最重要的一个应用领域将是医疗保健行业。可以说，在未来几年里，人工智能技术将在拯救生命、改善健康和发现重病治疗方法方面得到广泛应用。

其实，人们还忽略了人工智能的其他一些重要优点。这里列出一些人工智能的优点，这些优点在本书中都会有更为深入的阐述。

- **人工智能与贫穷**。人工智能将用于消除极端贫困和改善边远地区人民的生活质量。

- **人工智能与日常生活**。人工智能和机器人技术可以承担那些对人类来说危险、单调或困难的工作。

- **人工智能与教育**。人工智能有创建个性化和高效教育方式的潜能。

- **人工智能与出行**。人工智能将助力自动驾驶汽车，这将有助于提高交通运行效率，降低出行成本并使出行更为安全。

- **人工智能与世界和平**。人工智能的研发可有助于寻求世界和平。

- **人工智能与商机**。人工智能为全球企业家和经济实体带来了极大的商机并能提高生产力。

- **人工智能与企业业务流程**。人工智能将改进所有企业的业务流程。

- **人工智能与行业**。人工智能将极大地改变几乎所有行业。

与所有新技术一样，人工智能也会产生一些负面影响。可以说，由于人工智能的爆炸式发展，我们面临的最艰巨挑战就是它将如何改变人类的存在方式。随着人工智能技术的不断发展，对我们来说，认识和赞美人类与生俱来的特质将变得越来越重要，本书在多处也介绍了这一观念。

本书还讨论了人工智能会带来的其他挑战。这里列出一些人工智能的缺点。

- **人工智能与就业市场**。人工智能将显著改变就业市场且可能造成大量失业。

- **人工智能与孤独感**。人工智能的发展极有可能给很多人带来孤独感和孤立感。

- **人工智能与伦理准则**。为基于人工智能技术的产品和服务建立

伦理准则至关重要。

- **人工智能与政治宣传。**人工智能已经被用于政治宣传，随着时间的推移，这种应用将越来越多。
- **人工智能与地缘政治不平等。**人工智能的发展可能导致世界各地严重的地缘政治不平等。
- **人工智能与恐慌。**人工智能的快速发展引起了许多不必要的公众恐惧和困惑。
- **人工智能与武器化。**遗憾的是，人工智能也可以被武器化，这个严重挑战亟待解决。
- **人工智能与过度炒作。**媒体过度炒作了与人工智能相关的益处。

人工智能的优点和缺点不胜枚举，我希望本书能够激发你的兴趣和创造力。

总之，人工智能的发展向世界展示了它的强大，同时人们有必要采取措施来应对它带来的挑战。

8

人工智能与你的关系

从前，那些精通读写的人比其他人更容易获得成功。我相信，同样的事情很快也会发生在人工智能上。那些了解人工智能，以及懂得如何适当应用它的人会比那些不懂人工智能的人拥有更多的成功机会。

出于这个原因，你先要思考一下在生活中应用人工智能的可能方式。你还要思考，随着人工智能的不断发展，应如何更好地理解即将到来的技术进步对世界及你个人的影响。

你能用人工智能创建应用程序或服务吗？你和你的社区有哪些可

以通过人工智能来解决的常见问题?

　　我个人认为,在从事任何一项新工作时,你都应该考虑如何使用人工智能来实现。例如,你想开一家公司,就要考虑如何将人工智能融入其中,这样,你的公司才能在人工智能时代具有竞争力。放眼全局,了解人工智能在未来将如何改变事物,将给你的职业和个人发展带来巨大的帮助。

　　人工智能可以应用于生活的许多领域且具有许多优势。为了激发你的创意,我创建了一个简单的框架,如下图所示。

人工智能与你

你。在这个科技时代，保持良好的身体、精神和情感方面的健康尤为重要。为自我提升预留足够的时间，会让你有更多的机会来获得与人工智能相关的创意。此外，在未来，创造力和社交技能会更有价值，因为人类比机器人和人工智能产品能更好地掌握这些技能。因此，你应该把提高创造力和社交技能作为努力目标，这很重要。

世界。要尝试考虑你的周边区域和世界所面临的问题，要为获得共同利益寻求解决方案。你的人工智能创意的真正含义和目的是什么？如果只是以营利为目的，你的创意可能走不了多远。然而，如果能给他人带来实惠，你的创意可能更成功。

人工智能。最后，考虑一下在你的创意中如何应用人工智能，以及谁可以帮助你实现这个创意。不要以为你没有技术经验或没有相关领域的学历就无法使用人工智能。如今，几乎每个有好创意的人都可以创造出新奇的产品和解决方案，这是因为聘用有才能的人工智能专业人士比以往任何时候都更容易，这一点我们将在第5章进行讨论。最重要的技能是，理解人工智能将如何以各种方式得以应用，以及你周边的世界将如何因其发展而改变。

我期望本书能够激发你与人工智能打交道的愿望。人工智能是一个你越深入研究就越会产生很多想法的领域。我支持你把它作为个人发展的一个总体框架。在培养对未来更具价值的技能（包括创造力、社交智能和应变能力等）的同时，保持好个人健康也很重要。

同样重要的是，试想一下你的创意能够帮助和服务他人的方式。这不仅会增加吸引优秀人才、取得成功的机会，而且还会让你从中获得更多的个人成就感。

了解人工智能的技术方面或许很有用，但更为重要的是，你要有能力认识人工智能即将改变世界的方式。

9

人工智能专家

随着人工智能行业的发展，有越来越多才华横溢的专家愿意分享他们对人工智能发展的见解。了解人工智能最新的、最重要的进展的最佳方式之一就是，探求各行业领袖的意见和观点，并向那些你最感兴趣的专家学习。

我在下面列出了我最钦佩的一些人工智能专家，他们几乎都写过关于人工智能主题的书，分享过很多重要的观点。他们中的许多人也在学术会议和研讨班上就此话题发表过演讲，你可以在YouTube上看到这些内容。

- **戈尔德·莱昂哈德**。这位未来主义的欧洲作家兼演说家与人们分享了关于技术改变未来的方式，以及人们如何应对这些变化的有趣见解。我十分欣赏他的作品，因为他采用了一种人文主义的视角，并将其关注点放在了人性的独特品质上，而非技术。莱昂哈德的作品对我撰写本书起到了很大的激励作用。

作品：《人机冲突：人类与智能世界如何共处》

- **安德鲁·吴**。这位世界知名的机器学习和深度学习专家是Coursera（在线课程教育平台。——译者注）的联合主席和联合创始人、斯坦福大学兼职教授、百度公司的人工智能研究负责人。他也是深度学习技术方面最受尊敬的教育专家之一，他通过Coursera教授这方面的课程。

- **斯图尔特·罗素**。他被认为是人工智能的先驱，是一位领先的人工智能研究人员，也是美国加州大学伯克利分校计算机科学专业的教授。罗素发表了许多与创造更安全的人工智能有关的

论文和演讲。

作品：《人工智能：一种现代方法》

- **埃隆·马斯克。**这位特斯拉的首席执行官和联合创始人是关于人工智能潜在陷阱这一话题最著名的演讲者之一。他创立了Open AI Research，这是一家致力于发现和实施安全的人工智能技术的非营利性机构。

- **尤瓦尔·诺亚·哈拉里。**以色列历史学家，最近因其畅销书《智人：人类简史》和《神人：明日简史》而闻名。哈拉里的新书《21世纪的21个教训》探讨了未来30~50年可能的前景，以及人工智能对人类的影响。

作品：《21世纪的21个教训》

- **杰米斯·哈萨比斯。**DeepMind的创始人兼首席执行官，DeepMind是一家领先的人工智能研究公司，于2014年被谷歌收购。这位英国神经学家是世界上顶尖的人工智能研究人员和专家之一。

- **马克斯·泰格马克。**是瑞典裔美国宇宙学家、麻省理工学院教授，也是生命未来研究所主任。他撰写了200多篇技术论文，涉及的主题从宇宙学到人工智能。

作品：《生命3.0：人类在人工智能时代的进化与重生》

- **李开复。**风险投资家、创新工场的首席执行官，他曾开发了世界上第一个"非特定人连续语音识别系统"，该系统是他在美国卡内基梅隆大学博士论文的一部分。他被认为是中国人工智能技术的领先专家之一。

作品：《人工智能超级大国：中国、硅谷和新世界秩序》

- **李飞飞。**作为斯坦福人工智能实验室和斯坦福视觉实验室主任，李飞飞是计算机视觉领域的顶级专家之一。她也是谷歌云人工智能和机器学习的首席科学家。

- **詹·沃特曼·沃恩**。作为微软研究院专攻机器学习和算法经济学的高级研究员，詹·沃特曼·沃恩专注于人工智能增强人类能力的方式。

- **努丽娅·奥利弗博士**。奥利弗博士以其在人类行为计算模型和社会公益大数据方面的研究而闻名，是欧洲人工智能协会的成员，40项专利的共同发明人。她目前是沃达丰（Vodafone，跨国电信公司。——译者注）的数据科学研究主管。

- **奥伦·埃齐奥尼**。作为艾伦人工智能研究所的首席执行官，奥伦·埃齐奥尼被认为是第一个创造"机器阅读"这个术语的人，也是第一个使用比价购物的商业人工智能代理的创造者。

- **埃里克·布莱恩约弗森**。麻省理工学院数字经济项目主任，《人机平台：商业未来行动路线图》和《第二次机器革命：数字化技术将如何改变我们的经济与社会》两本畅销书的作者。布莱恩约弗森擅长以简单易懂的方式谈论复杂的人工智能话题，在这方面可谓独具匠心。

作品：《人机平台：商业未来行动路线图》《第二次机器革命：数字化技术将如何改变我们的经济与社会》

- **塞巴斯蒂安·特隆**。优达学城董事长兼联合创始人。优达学城是领先的教授人工智能、机器学习和深度学习的在线教育培训平台。特隆还创立了谷歌X实验室和谷歌自动驾驶汽车团队。

- **尼克·博斯特罗姆**。瑞典哲学家、人类未来研究所所长，著有《超级智能：路线图、危险性与应对策略》一书。博斯特罗姆也是所谓的"超级智能"专家，他强调了当人工智能达到高级智能水平时，人类控制人工智能的重要性。

作品：《超级智能：路线图、危险性与应对策略》

- **尼尔·雅各布斯坦**。美国奇点大学人工智能和机器人系主任，雅

各布斯坦曾为美国政府组织（包括国防部高级研究计划局、美国国家科学基金会、美国宇航局、国家卫生研究院、美国环境保护署、美国能源部、美国陆军和美国空军等）提供人工智能研究和开发项目的咨询。

除了上面列出的专家，还有许多其他顶尖的人工智能专家，他们在帮助人们理解人工智能方面做出了很多贡献，值得我们学习。

10

人工智能术语

算法（Algorithm）。指计算机用来完成每项任务的分步方法。由于计算机最能理解数字，所以通常将这些步骤组合成数学方程，例如："If x=1，then..."。

人工神经网络（Artificial Neural Networks）。指人工智能系统模拟相互连接的神经元，并模拟神经元在人类大脑中的交互工作方式。

认知计算（Cognitive Computing）。人工智能的常用同义词，该词一般由IBM使用。

认知科学（Cognitive Science）。一门研究人类大脑的各种过程的学科。例如，语言学、信息处理和决策制定等。其目标是探索更多关于人类认知的奥义。

计算机视觉（Computer Vision）。一种使计算机具有视觉并能识别所见事物的技术。依靠这项技术的产品包括面部识别程序、自动驾驶汽车和无人机等。近年来，计算机视觉的准确性有了显著提高，这使许多人工智能产品都能够更好地真正"看到"事物。

深度学习（Deep Learning）。由大量（数百万以上）人工神经元

组成的多层神经网络的应用。深度学习非常适合处理具有庞大、复杂数据集的项目。

专家系统（Expert System）。一种模拟人类专家决策能力的计算机系统。专家系统以规则（产生式规则。——译者注）为基础，通常使用"if_then"语句。

自然语言生成（Natural Language Generation，NLG）。指软件将结构化数据转换为可理解的书面文本的能力。NLG与人类的转换能力类似，但速度要快得多，可达每秒数千页。NLG是自然语言处理的一种形式。该技术最近越来越受欢迎，因为它可以用来生成各种各样的结果，如产品描述、财务报告或新闻事件等。

自然语言处理（Natural Language Processing，NLP）。指计算机经过识别和理解人类语言并根据语音指令采取行动的能力。这是苹果Siri、谷歌Assistant，以及亚马逊Alexa等个人智能助理所使用的基本技术。由于NLP技术的不断进步，使个人智能助理、翻译服务和聊天机器人等产品具有了更强的理解能力，也使它们变得更加实用。

语音识别（Speech Recognition）。一种使计算机能够识别语音并将其解析成文本的技术。

图灵测试（Turing Test）。这是数学家艾伦·图灵发明的一种经典测试方法。用来判定计算机是否具有像人类一样"思考"的能力。这个测试基本上是一个"模拟游戏"。在测试中，一个人试图弄清楚他在与一台计算机还是在与另一个人类进行交流。

这些只是关于人工智能的一部分术语，在未来你会看到更多术语。

狭义人工智能、通用人工智能和超级人工智能

人工智能的另一个重要概念是，人工智能可分为三个主要层次。这三个层次分别是狭义人工智能（Weak AI）、通用人工智能（Strong AI）和超级人工智能（Super AI）。

- **狭义人工智能**（也称弱人工智能）。基本上就是我们目前使用的人工智能，包括亚马逊的产品推荐、脸书的新闻推送和自动驾驶等人工智能的基本应用。通常，这类人工智能只擅长执行单一任务，不能跨领域执行任务，也不具备人类的智能水平。

- **通用人工智能**（或强人工智能）。指能够像人类一样熟练、灵活地跨领域执行任务的人工智能——到目前为止尚未实现。通用人工智能的目标是建造"会思考的机器"，并具有与人类心智相当的智能。

  人工智能专家对何时才能实现通用人工智能持有不同观点。一些人（包括谷歌的研究主管彼得·诺维格）认为，通用人工智能永远不会实现。

- **超级人工智能**。瑞典哲学家、人工智能专家尼克·博斯特罗姆认为，当人工智能在几乎所有领域都比最聪明的人类睿智得多时，超级人工智能才算实现。

主流媒体的大部分新闻报道都聚焦于预测"我们何时能达到通用人工智能或超级人工智能的水平"（换句话说，人工智能何时会变得与人类一样，甚至比人类更加聪明）。这种类型的讨论会让一些人感到担心甚至恐慌。在本书中，我不会花太多笔墨来讨论这些可能在未来出现的场景，而是聚焦人工智能在目前的应用、人工智能的潜在应用，以及人工智能在未来可能产生的变化。

人工智能技术和应用已开始占据新闻头条。然而，很多误导性的报道和文章使公众产生了很多困惑。因此，获取与人工智能相关的最新的、准确的信息很有必要，而AI Index（人工智能索引）网站是一个值得信赖的信息来源。该综合性网站提供了大量有关人工智能的可靠信息，包括顶尖人工智能专家（如塞巴斯蒂安·特隆、埃里克·布莱恩约弗森、李开复和安德鲁·吴等）对人工智能最新发展趋势的见解。

第2章
人工智能如何改变各个行业

你知道人工智能正影响着当今社会的各行各业吗？

在本章中，我将分析十个不同的行业，看看人工智能的应用给这些行业带来的变化。虽然其他行业也会受到人工智能的影响，但本章介绍的这十个行业的示例已经足以说明人工智能改变商业环境的能量。

几乎所有最成功的、最具竞争力的公司都能够理解人工智能将带来重大变化并为之做好准备。相反，那些忽视这些变化的公司将难以跟上时代发展的步伐。

11

人工智能如何改变金融业

根据埃森哲咨询公司发布的一份题为《2017年银行业技术展望》的报告，有多达79%的银行家认为，人工智能将大幅改变银行获取客户数据及与客户打交道的方式。简而言之，他们认为人工智能将很快占据所有金融服务的中心地位。

以下是人工智能改善金融业的几种方式。

- **更好的客户服务**。许多基本的客户互动将通过机器人系统进行。在脸书Messenger或银行网站上，你可以通过这种机器人很容易地快速查询房产抵押贷款方式、账户余额或其他银行服务的信息。随着技术的进步，这些机器人很可能取代许多传统的人工客户服务代表。那些向银行打来电话的人甚至不一定会意识到，与他们交谈的是机器人而不是人类。

  根据上述埃森哲的报告，有76%的银行家还认为，到2020年，大多数金融机构将以人工智能界面作为其与客户接触的主要方式。而对于高端客户，可能仍由人类银行家来提供个性化的服

务，但对于日常互动这类必要的客户服务任务，则可能由机器人来执行。

- **机器人顾问提供的更可靠的投资服务**。即便在当下，一些资产管理公司也开始引入机器人顾问了。机器人顾问可以在极少或无须人工干预的情况下，提供理财建议和投资组合管理服务。这项技术的应用意味着，人为的错误将更少，交易费用将更低。此类应用还允许用户根据个人偏好创建关于风险管理和投资风格的个性化配置。

  美国Betterment, LLC和Wealthfront, Inc.两家公司是在金融领域应用机器人顾问的先驱。它们在美国为客户提供量身定制的个性化在线服务。允许投资者根据自身的风险承受能力和其他偏好来使用人工智能工具，从而帮助其做出投资决策。

  然而，从伦理道德方面考虑，有些人担心此类机器人顾问的使用可能造成利益冲突，因为一些人工智能程序很可能偏向特定的基金或股票。一些银行披露的信息表明，某些基金公司或上市公司曾向机器人顾问公司提供过赞助。

- **更加高效、精简的文书工作**。在美国，摩根大通公司推出了一款名为COIN的机器学习程序，它每年可为律师减少36万小时以上的工作时间，这将节省一大笔钱并极大地提高了律师的工作效率。

  COIN是合同和情报（Contract和Intelligence的缩写。——译者注）两个单词的缩写。通过应用人工智能，COIN在几秒钟内就能完成商业贷款协议的审查和解释工作。这些分析工作如果由律师团队来完成，则需要数百小时。如果大型银行开始应用这项技术，则每年可省下数百万美元。

- **改进的金融安全系统**。人工智能安全系统可以通过模拟各种金融犯罪的情况，来识别金融机构的数据或资金的潜在非法接入点。通过使用机器学习技术，这些工具可以预测某人试图洗钱或进行欺诈等活动，然后开发并实施预防措施，在事前防止犯罪发生。

人工智能技术将很快成为所有银行和金融机构的核心功能。在这些技术先期推出时，一些消费者可能抵触尝试这些新技术，这与任何一款新工具所面临的情况相同。然而，就如同ATM现在已经是"家常便饭"一样，大多数客户一旦习惯了这些工具，就会很快意识到使用人工智能助理比传统银行服务更具优势。

还有很重要的一点，人工智能和自动化将使金融部门的大量岗位变得多余，这会导致许多人失业。对这些人进行职业再教育，帮助他们在新的就业市场上找到自己的位置，将是一个迫切需求。

12

人工智能如何助推旅游业现代化

你知道吗，就全球经济贡献（直接贡献、间接贡献和诱发贡献）而言，旅游业是世界上最大的行业之一，仅2016年创造的价值就超过7.6万亿美元。

正如我们在其他行业中所见到的那样，旅游业也将被人工智能和其他新兴技术彻底改变。

2017年夏天，我在西班牙塞维利亚参加了一个酒店业主和经理会议，我在会上做了一个关于人工智能和旅游业的演讲。在演讲结束后，通过和一些与会者交谈，我惊讶地发现，许多酒店和组织已经在计划实施各种人工智能服务了。

人工智能技术影响旅游业的可能方式

在不久的将来，人工智能技术可能在以下方面影响旅游业。

- **通过语音命令预订酒店**。语音命令的搜索能力日新月异，每天都在变得更强大、更有效。很快，人们就会发现许多酒店都安装了语音预订系统。对于酒店所有者或经营类似业务的人们来说，最好了解一下，当通过谷歌语音来搜索你经营的酒店或相关旅游景点时会出现什么搜索结果。

- **人工智能礼宾服务**。亚马逊的Alexa和苹果的Siri都期待在全球各地的酒店房间里能被客人激活使用，通过回答客人的一系列问题来充任虚拟助手。美国拉斯维加斯的永利酒店（Wynn Hotel）已经计划在其4 700间客房中配备亚马逊的Alexa，来为客人提供更现代、更高效的体验。

- **旅游服务聊天机器人**。正如本书提到的那样，人工智能聊天机器人将很快被应用到包括旅游业在内的许多行业，成为与客户互动的主要方式。脸书Messenger平台上已经使用了几个聊天机器人。旅游公司的网站也将很快使用聊天机器人，来帮助客户进行预订并解答旅行中所遇到的各种问题。你可以在本书的相应章节了解到更多关于聊天机器人的信息。

- **通过面部识别办理登机。** 由于生物识别技术的进步，面部识别工具正越来越多地应用于各种商务领域，这些应用有助于人们在机场、酒店，甚至大型会议和活动中节省时间。面部识别技术也使识别和抓捕罪犯变得更加容易，这又给那些正在旅游或在景点活动的人带来了更强的安全感。

  芬兰航空公司已经在赫尔辛基机场开始测试面部识别工具，其最终目标是让乘客无须实物登机牌就可以办理登机手续，这将大大缩短候机时间。在未来，酒店也可能使用面部识别工具来取代房间钥匙。

  值得注意的是，使用面部识别工具会涉及人的基本隐私问题。问题的关键在于，应确定谁有权拥有数据，以及数据应该存储在哪里。许多人一想到自己的面部识别数据被政府或其他商家获取和保存就会感到不适，担心个人数据被窃取或个人隐私被侵犯。目前，有几个项目正在研究如何应用区块链技术，以确保隐私数据受到保护并以可靠的方式进行存储。

  我建议对面部识别技术及其相关问题在更公开的层面加以讨论。例如，可能需要立法以规范其使用。这将有助于公众更多地了解该技术的应用方式。

- **基于评论观点创新旅游产品。** 伴随大数据分析和人工智能的出现，人们现在可以对大量的旅游评论进行分析以识别客户需求，从而发掘出新的商机。例如，一个旅行者可能在猫途鹰网站（TripAdvisor，全球旅游评论平台。——译者注）上发表评论，说某个城市的交通方式有限；另一个人可能在酒店的网站上留下评论，说如果有客房服务的话会让其住宿体验更为愉悦等。大量的旅行者会在许多不同类型的网站上发布此类评论。

人工智能通过对这些数据进行分析，不仅可以用来改进旅游产业现有的产品和服务，还可以用来推出全新的旅游相关业务。

- **在智慧城市中智慧出行。**当前，世界上大多数城市仍在使用"第二次工业革命"时期的基础设施，即那些能效低下、技术过时的道路、交通和建筑。很快，许多城市将进行所谓的"智慧城市"改造。各种传感器将用于收集、管理与城市交通、游客流量、空气污染和通信等方面相关的数据。然后，这些传感器将数据输入所有相关的智能组件，使智能设备间更好地协同工作，以帮助整个城市更加有效地运行。虽然这将主要由物联网技术驱动，但人工智能也将在智慧城市中扮演关键角色（主要用于对大量数据进行分析）。人工智能将与物联网技术共同为这些智慧城市创造和谐。

  从游客的角度来看，智慧城市的建设大有裨益，这不但能使出行更容易、更高效，而且也会减少城市交通堵塞。此外，有了虚拟旅游助手和机器人导游提供的个性化旅游建议，在智慧城市中获取与城市相关的信息会更加容易。例如，某虚拟旅行助手可能在你的智能手机上以聊天机器人的形式出现，它可以根据已经掌握的关于你的个人信息，并结合从智慧城市传感器获得的数据，在进行分析后告诉你："我知道你喜欢中国菜，你右边那家餐厅的饺子在全市排名中是最高的。"类似地，机器人导游也可能是一个大型展示标识或街道上的机器人，当你经过时它会向你打招呼，并告知你最喜欢的服装店就在街对面。这些只是几个例子，说明了如何让智慧城市中的旅行体验变得更便利。

- **自动驾驶汽车和出行服务。**未来几年，人们可能看到许多城市配置了更多具备自动驾驶功能的汽车、公共汽车和出租车。由于自动驾驶汽车几乎消除了人为驾驶失误的因素，它们的应用将大大减少交通事故的数量。此外，许多交通堵塞是由人类不当的驾驶习惯造成的，在这种情况下，增加自动驾驶汽车会减少交通拥堵。

出行即服务（Mobility as a Service，MaaS）是一项以减少汽车交通为目的，让旅行者更容易使用其他交通方式出行的运动。这个概念越来越受欢迎，被称为"运输领域的网飞"。一家芬兰公司已经在其名为Whim的App中贯彻了这一理念。该App能为旅行者提供替代驾车的最佳出行选择，让他们能够尽可能快速、廉价地实现"门到门"（直达目的地）。这些选择可以是任意的交通组合方式，包括公交、拼车、骑行等，该App甚至能办理预订和付款等服务。在完全放弃开车的情况下，可为出行者提供尽可能便利的出行条件。除了在芬兰的赫尔辛基，Whim还在英国的西米德兰兹郡进行了测试，并计划很快在其他地区投入使用。

- **其他机器人工具。**酒店、游客中心和其他基于旅游的企业，将很快使用机器人来取代传统的人类员工。我们将在关于机器人的章节中深入探讨这一概念，你可以了解到关于日本海茵娜酒店（Henn-na）的内容，那是一家几乎完全由机器人运营的酒店。

此外，还有一些人工智能的应用也将影响旅游产业。例如，各种翻译App将帮助旅行者在世界各地更好地交流，使旅行体验更加轻松和愉悦。

聊天机器人也将广泛应用于旅游业，如预订酒店或机票，这能让旅行计划的方方面面都变得更轻松便捷。在后面，我将对聊天机器人进行更深入、细致的讨论。

人工智能如何改善医疗行业

人工智能将为医疗行业带来巨大贡献，并使该行业的工作方式发生突破性改变。人工智能将使世界各地的人都能获得更加安全、有效的医疗护理服务，使疾病预防和治疗更加简便。

在传统医疗工作中，对健康记录、医学文献和历史趋势进行分析是非常耗时的。但这类任务非常适合由人工智能工具来完成。

最近，IBM在一项分析1 000种癌症诊断的测试中，应用了人工智能助手沃森。沃森能够审查病例并给出治疗方案的建议，其中99%的建议与肿瘤医生给出的建议一致。

应用此类人工智能工具，可以改善疾病的诊断和治疗方式，使患者能够更快更有效地获得所需的护理。沃森已经被用于世界各地的医院，它不仅为IBM带来了巨大的增长机会，也有助于提高全球的医疗水平。

另一个在医疗行业应用的人工智能工具是由DeepMind（这家位于英国的人工智能实验室于2014年被谷歌收购）开发的。这个人工智能工具对超过100万名匿名患者的眼部进行了扫描、分析，以训练自己能够识别眼疾的早期迹象。

还有许多人工智能技术助力医疗实践的例子。在审查健康记录和医疗数据方面，人工智能工具在处理速度和准确性方面都要比人类更有优势，因此它们的应用可以大大提高诊断、治疗计划和患者整体护理的准确性，并降低人为错误的可能性。

由于人工智能医疗工具的普及，它的另一个发展趋势是居家体检

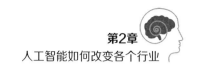

和个性化医疗保健。

通过智能手机上的一些功能，人们现在可以舒适地在家中进行某些诊断测试。这样做不仅降低了医疗成本，减轻了医生和其他医务人员的工作量，同时也有助于改善使用者的健康。这一点对于农村地区来说弥足珍贵，因为那里的人们很难及时地获得高质量的医疗服务。

美国AiCure公司开发了一款家用人工智能助手，用于药物使用的跟踪服务。这是一项专利技术，它允许患者通过智能手机上的App来确认药物是否按处方服用。一项研究表明，在使用该App后，患者对药物剂量说明的依从性提高了50%。

还有许多可穿戴的传感器和设备可以向智能手机发送数据，来帮助人们监测身体各方面的健康情况，包括血压、氧合、心率、睡眠模式和其他健康指标。

然而，人类的健康状况是相当复杂的。在医疗行业使用人工智能技术可能产生若干伦理问题。例如，当患者从智能手机上得到了错误诊断时，该由谁来负责？此外，在患者使用智能手机进行监测时将形成一些医疗数据，对于这些敏感的数据，谁可以获得访问权限？

基于人工智能的各类辅助医疗方式

尽管存在一些需要解决的问题，但人工智能还是给人们带来了很多惊喜，一些非常实用的人工智能软件即将应用于医疗行业。根据埃森哲咨询公司的报告《人工智能：医疗保健的新神经系统》，以下是即将面世的尖端人工智能应用：

- **机器人辅助手术系统**（行业估值400亿美元）。
- **虚拟护士助理**（行业估值200亿美元）。
- **行政工作流助力**（行业估值180亿美元）。

在接下来的几年里，由于人工智能技术的进步，我们很可能看到医疗行业获得迅猛的发展。人工智能工具将帮助更多的人获得高质量的医疗服务，为医生和医院提供快速、高效的数据分析，并使患者能够更好地跟踪自己的健康状况。

14

人工智能如何改变交通行业

你准备好乘坐从洛杉矶到旧金山的超音速火车了吗？只需30分钟即可到达！也许，你更愿意乘坐电动飞机在天空翱翔，而驾驶这种飞机的驾驶员不需要驾驶执照。

在人工智能技术的帮助下，传统的交通方式即将被永久改变。目前研发的新型交通工具将使用可再生能源或电力，能使世界各地的人们比以往更加安全、快捷地旅行。

各项技术的进步，尤其是人工智能技术的进步，使这些创新成为可能。

以下例举几个设想，以展示人工智能技术将如何影响各种交通方式，这些技术设想可能在未来成为现实。

- **超级高铁**。这一高速地面交通网络的设想最初由特斯拉的联合创始人、SpaceX实验室创始人埃隆·马斯克提出。如今，有几家公司正在为此付诸努力，世界各地的一些城市管理者也在考虑如何实现这些部分完成的设计。马斯克表示，超级高铁可以在大约半小时内将乘客从洛杉矶送到旧金山。你可以从马斯克在2013年发布的白皮书中了解更多关于超级高铁的信息。

- **高速隧道交通网**。美国钻探公司（Boring Company）也是由埃隆·马斯克创立的，该公司旨在通过利用一系列地下隧道，来缓解大城市的交通拥堵。通过电梯系统和移动平台可以将地面与这些地下隧道连接起来，移动平台可以运输汽车，其运输速度远快于汽车本身的行驶速度。尽管许多人对实施这项技术的可行性持怀疑态度，但隧道交通网一旦成功将在大城市创造巨大的机会。你可以在钻探公司的网站上了解更多相关信息。

- **自动驾驶汽车**。目前，各大汽车公司和谷歌、百度等几家技术巨头，都致力于开发自动驾驶汽车。你可以在本书后面的章节中了解更多关于自动驾驶汽车及其当前发展阶段的案例。

- **自动驾驶飞行器**。由人工智能驱动的飞行技术目前使许多项目受益。其中最有趣的是"小鹰飞行器"（Hawk Flyer），它是由谷歌创始人拉里·佩奇资助的公司开发的，是一种完全电动的飞行器（可在水上起降），驾驶员无须取得驾驶执照也可以在空中飞行。

这里仅列举了几个人工智能改变传统交通方式的设想。在未来，包括汽车、火车、飞机和轮船在内的一切交通工具，都可能是电动的或是自动驾驶的。在后面的章节中，我将对自动驾驶汽车等技术的应用进行深入的讨论和说明。

15

人工智能如何改变零售业

近年来，受电商发展的影响，一些小型的、本地的、未能形成有效在线销售策略的零售商店被迫停业。可见，技术已经在零售业中扮演了至关重要的角色。

事实上，根据研究机构Reorg First Day的数据，仅在2017年上半年，美国零售商店的破产数量就增加了110%。

亚马逊一直是一家强大的网上零售商，它通过融合人工智能技术开启了新的模式，也开始涉足实体零售业务。2016年12月，亚马逊推出了没有收银员的便利店。目前，亚马逊的员工正在测试这种零售模式。类似的一些实验性的商店项目已在芬兰和瑞典获得成功。

亚马逊的线下便利店（Amazon Go）（图片来源：亚马逊网站）

据亚马逊称，这类商店之所以成为可能，是因为应用了一些与自动驾驶汽车相同的人工智能技术，包括计算机监控、传感器融合和深度学习等。商店内部的智能工具能够检测是否有产品从货架上卸下。

并且，当商品离开商店时，系统将自动从顾客的亚马逊账户中扣费，这为顾客提供了快速、高效的购物体验。你可以在亚马逊的网站上了解这种无收银员的购物体验细节。

世界各地的多家公司都在开发各种无须人工店员也能运作的购物系统。例如，我在西班牙的办公室旁边有一家便利店，店里配有4台自动付款机。虽然它们的自动化程度没有亚马逊的高，但我很喜欢使用它的自动支付系统，并由衷地感激它们为我节省了时间。

还有几家初创公司开始研发专门为零售商店服务的机器人。这种机器人能完成以下工作：为货架补货、向管理人员通知补货信息、向顾客提供商品的基本信息，甚至还能在晚上关门后清洁店铺等。

美国连锁超市沃尔玛（Walmart）预计在其50家门店引入机器人。这些机器人将用于管理库存和维护商品货架。据沃尔玛首席技术官杰里米·金称，完成同样的工作，机器人的工作效率比人类高50%。

在将来我们或许会看到，便利店会将自动化技术和少量人工助手相结合，以提供无缝运行服务，从而满足顾客的所有需求。

除了自动支付系统和机器人，生物识别也是人工智能改变零售商店运营方式的一种技术。目前，生物识别主要用于智能手机和机场指纹扫描。值得注意的是，面部识别工具在市场上的发展势头强劲，这项技术将来可能在零售商店中得到应用。例如，在你浏览各种商品时，面部识别工具会对你的面部表情进行分析，并根据传感器"观察"到的数据创建针对你的个性化促销活动。

对于那些热衷于个性化促销活动的商店来说，生物识别技术蕴含着巨大的潜力。然而，当涉及消费者隐私时也会引起一些人的忧虑。

麦肯锡已开始在更大的范围内展开调研，以研究人工智能在零售业应用可能对宏观经济产生的影响。

以下是这篇题为《人工智能：下一个数字前沿》的报告中展示的

一些发现，该报告讨论了人工智能工具能使零售业受益的各个方面。

- 通过使用深度学习来预测进货时间和进货数量，可减少20%的库存。
- 每年减少退货200万件。
- 在仓库中使用无人车，会减少30%的理货时间。
- 货物分类的效率提高50%。
- 利用地理空间建模来提高微观市场的吸引力，使销售额增长4%~6%。
- 应用动态定价和人性化服务使在线销售额增加30%。

得益于人工智能的发展，零售业将在未来几年内发生巨大变化，其主要益处在于能为消费者提供更加快捷、愉悦的购物体验。但同时我们需要记住，技术的应用将取代大量人类员工，这将在零售业造成严重的失业问题。因此，要迅速采取措施，对失业人员进行职业再教育和技能再培训，让他们更好地掌握新的就业岗位所需的技能。

16

人工智能如何改变新闻行业

今天，人工智能技术在新闻行业展现出令人惊叹的潜能，有着多种多样的应用方式。但最受关注的是"自然语言生成"，它可以将数据片段转换为可读文章。一个名为Wordsmith的程序能实现该功能。

人工智能工具还可以利用机器学习来发现各种内容受欢迎和有吸引力的原因，并将这些分析结果应用到内容生成过程中。如此反复并假以时日，该工具的效果就会越来越显著。

新闻报道在很大程度上依赖于对事实和信息碎片的评估，人工智能工具能够很轻松地处理信息的汇编和分析工作。此外，人工智能的写作工具还可以根据文章的目标受众进行定制。例如，为当地新闻或特定球队的粉丝创作专门的内容。

人工智能可能还需要较长时间的学习，才能写出像诗歌和小说等这类更有创造性、更复杂的作品。尽管如此，人工智能完成此学习过程仍然相当迅速。一个来自日本的人工智能程序已经能够自行编写短篇小说了，其作品还差点获奖。

随着人工智能工具越来越多地取代传统的调查方法，撰写新闻报道所需的信息收集过程将变得更为高效。一家印度初创公司开发的人工智能工具MOGIA是个不错的例子，此工具成功地预测了美国过去三届总统选举的结果。

对于这项技术的优势，MOGIA的创始人Sanjiv Rai做了以下描述：

"人工智能比传统的数据分析程序有更大的优势。在传统的数据分析程序中，大多数算法都会受程序员或开发人员的偏见的影响。而MOGIA则在策略层形成了自己的规则，并建立了不丢弃任何数据的专家系统。"

与其他行业一样，负责任地使用新闻人工智能工具的关键并不是把以前由人类完成的每项任务都交给机器人，而是把需要花费很多时间和精力的流程委托给机器人助手。人类履行好相应的监督职责是至关重要的，这可以保证新闻的完整性和高质量内容的创造性。正确地使用人工智能工具可以生成更好的新闻内容，并能将其更加迅速、有效地传递给目标受众。

人工智能如何改善教育行业

在我的上一本书《高等教育的未来：新兴技术将如何永久改变教育》中，我阐述了各类技术的进步将如何改善世界各地的教育系统。

事实上，正是在我研究和写作那本书的过程中，使我对人工智能技术，以及它将如何影响人们生活（包括教育行业在内）的各个方面产生了浓厚兴趣。为此，我希望能以此为主题展开讨论，这也是我写作本书的原因。

在过去的十年里，通过个人网站及许多大学，我以各种形式教授在线课程。我亲身体会到了网络学习带给学生的好处。例如，提供全天候的课程；能在不降低体验质量的情况下扩大课程规模；可以满足更多人的学习需求；学生也可以按照自己的节奏进行独立学习。

其实，人工智能技术的迅猛发展已把教育体验和受教育的机会都推上了一个新台阶。

下面是我在上本书中强调过的——关于人工智能将如何影响教育的四个例子。

- **个性化的学习平台**。设想一门有30名学生参与的在线学习课程。在传统教学中，只能给他们提供单一的教学体验。相比之下，在线学习平台则可以为这30名学生提供个性化的教学方式，并为每名学生定制课前的知识和技能，使每名学生都能获得更愉快、更成功的学习体验。这样，不但每名学生都可以按照自己的进度学习，而且老师也可以为每名学生提供个性化的反馈、支持和激励。最终，这30名学生都能够最大限度地从教学中获得学习经验，从而降低退学率。

- **个性化的人工智能导师**。该导师是一个为某特定课程定制的人工智能助教程序，它可以回答学生提出的一些关于既定课程的基本问题（如作业提交时限、作业格式等），帮助学生不偏离课程的教学范围要求，也可以为学生提供一些关于大学或教研机构的相关信息。在大多数情况下，这类人工智能导师都具备语音识别功能，学生可以直接与它们进行语音对话。这些人工智能导师还可以整合其他数据，例如，根据性格测试数据来对每名学生做出个性化的回应。

- **个性化的游戏**。最近，一些研究表明，玩游戏可能是学习新事物的最佳方式。然而，制作行之有效的游戏需要大量时间和创造力，工作极具挑战性。随着人工智能的应用，创作这类游戏将变得更为容易，它允许教师根据学生的特点和学习需求来定制游戏。这些非常有趣的游戏能增加学习的动机和乐趣，使学生更好地学习。

- **更愉快的学习体验**。人工智能为教育行业带来的另一个潜在益处是，它能够让学生以更有趣的方式参与课程学习。在学习中找到乐趣的学生更容易学到知识，学习体验也更为有效。未来，由人工智能驱动的学习平台将整合各种交互式工具，以此来消除长时间学习后的厌倦感并激发学习动力，从而在教学中保证课程对学生的持续吸引力。

对于人工智能改变未来教育方式的巨大潜力来说，这些例子也只是管中窥豹。虽然目前市场上还未实现上述提及的所有设想，但很多公司正在开发相关的应用工具，努力使这些体验早日实现。

此外，人工智能将使教师的教学活动更加简单有效。例如，由人工智能驱动的导师可以向人类教师提供反馈，并对个别学生的表现分

享重要见解，以使教师改进教学方法和设计个性化的作业，从而更好地满足学生需求。

人工智能还能让教师更多地专注于指导学生和激励学习，而不是整天忙于批改作业和发送提醒短信等琐碎的重复性工作。

在线学习平台在人工智能工具的帮助下将变得越来越强大，其使用也会变得越来越普及，教育成本也会随之降低。在将来，或许可以为欠发达的边远地区提供免费的教育机会。

在教育方面，我建议所有大学和教育机构都尽快增加更多的与人工智能相关的课程，如机器学习和深度学习。未来的职场将需要很多人工智能方面的人才：他们了解人工智能技术；懂得人工智能将带来的巨变；知道如何应对变化。因此，大学应该向所有专业的学生提供人工智能课程，而不是仅限计算机专业的学生学习。

与此同时，开设培养情商、社交智商和创造能力等"人际技能"方面的课程也不失为明智之举，这些技能在未来职场的价值会大幅提升。

用于提升销售培训技能的情感人工智能

在大学中应合理地应用人工智能技术。芬兰在这方面迅速做到世界领先。2018年10月，哈加赫利亚应用科学大学开设了一个人工智能销售实验室，以研究如何利用情感人工智能和生物识别技术，来帮助商家了解和适应潜在客户的情绪。

在这个销售实验室里，学生将学习如何在人工智能系统的帮助下提高销售技能。该系统应用了计算机视觉技术。系统通过分析人们的面部表情，来提供关于其情绪状况的反馈，如高兴、失望或怀疑等。通过这门课程，学生将学习如何通过人们的面部表情来识别其真实情绪，这种情绪有时可能与人们口头所述不同。拥有这项技能可以帮助商家更好地了解潜在客户的情绪，并据此调整自己的销售技巧，这在现实销售活动中，无疑能带来巨大的优势。

这种由人工智能赋能的培训，不仅对客户的思维过程提供了有价值的洞察，还帮助学生提高了他们的线上、线下的沟通技巧。

在这种类型的学习环境中，学生、教师和人工智能一起参与培训，极大地强化了学习效果。这还为大学和企业创造了一个新的研究领域。

保持技术、能力与教学内容密切相关

如今，大学教育面临的最大挑战之一是如何调整课程和教学，从而跟上市场需求迅速变化的步伐。为了应对这一挑战，三所大学（罗约阿应用科技大学、赫尔辛基城市应用科技大学和哈加赫利亚应用科学大学）共同合作，创建了一个"人工智能知识图"系统，该系统能够实时显示各公司的工作岗位需要具备的技术和能力。该系统是HeadAi公司开发的一款人工智能工具，它可以分析雇主希望新员工具备的技术和能力。这款人工智能工具为大学提供了一个极佳的方式，能够准确地掌握就业市场的需求。这将有助于大学保持课程设置与市场需求间的密切相关。

聊天机器人在大学里的使用

安德烈斯·佩德罗诺曾任某大学校长，是欧洲领先的人工智能专家之一，已经成功地在大学应用了许多人工智能技术。他认为，人工智能在以下的五个方面让大学受益。

1. **科学活动的附加值**。人工智能即将成为识别科学活动附加值的重要工具。人工智能可以将学术论文搜索和评论系统化，有助于发现论文剽窃，识别统计数据或结果滥用。需要强调的一种模式是，人工智能与区块链技术的结合，这可以确保信息可被溯源和身份验证的可靠性等。

2. **科学进步**。人工智能的潜力与科学进步息息相关，在那些挖掘海量数据的领域中尤其如此。此外，人工智能可以实现自主创建假定命题，发现数据关联，降低数据发掘成本，并能在许多科学领域提供预测分析。

3. **个性化的教育**。人工智能可实现个性化的教育，这是最具发展前景的行业之一。虚拟助手和聊天机器人将提供更加个性化的学习过程，来为学生提供指导和咨询。更重要的是，人工智能可以预测教育失败。人工智能的应用，使学术界的大量数据得到充分利用，使人们更容易根据既定目标评估绩效。无论对于课题研究、教学，还是在促进多样性方面都能获益。一些大学（如美国佐治亚州立大学和亚利桑那大学等）已经使用人工智能来预测成绩，并侦测何时需要教学干预措施，以帮助学生发挥最大潜能，有效防止他们辍学。

4. **智能的大学校园**。人工智能和物联网技术的结合将能创建智能的大学校园。应用类似"智慧城市"技术，可以为校园打造前卫的教育空间。例如，安排各种教学资源的分配与使用；校园内的供暖、照明、节水、维护、噪音及污染控制、停车、安保、警报、登记和认证等管理工作将更为有效；每位师生都有一个"口袋里的"校园，它承载了校园里每个角落、建筑、树木的地理位置数据。

5. **更高效的大学管理**。人工智提升了大学管理的效能。特别是在内外交流方面，人工智能不但使大学提高了实施学生资助计划的能力，同时还降低了成本，它能提供一年365天、每天24小时的校园服务，以解决校园中最现实、最直接的问题。

对于最后一个方面，我要着重提及，应用聊天机器人是人工智能提高大学管理效率的重要方式之一。西班牙有一家名为"百万机器人"（1MillionBot）的公司，它由安德烈斯·佩德罗诺（Andrés

Pedreño）创办。该公司已经为一些大学开发了数款聊天机器人。

其中的一款聊天机器人是为西班牙穆尔西亚大学设计的，它用来为初到大学的新生解答各类问题。这款聊天机器人的名字为Lola，于2018年5月首次推出，是专门为此目的开发的，并取得了不同凡响的成果。

Lola曾与4 609名学生交流，进行了13 184次对话，解决了约38 708个问题。Lola还曾在一天内回答了800个询问，其中大部分问答是在正常工作时间之外进行的。Lola最终实现了91.67%的回答正确率。这些惊人的数字表明，如果构建和实施得当，聊天机器人可以为大学带来很多益处。

需要强调的是，Lola的应用并未引起大学工作人员失去工作。事实上，工作人员以前在反复回答学生提出的相同问题时，需要花费大量时间。迥然不同的是，他们现在可以把精力投入更有成效的工作。

课堂里的机器人

你知道吗？在世界各地，有很多学校已经开始在课堂里使用机器人了。

例如，在芬兰的坦佩雷，一些学校已经开始测试教学机器人，这个叫Elias的机器人，主要用于教授语文和数学。感到乐趣是有效学习的关键，为此Elias被设计成以跳舞的形式开展教学，它还鼓励学生也唱歌跳舞。Elias能使用23种不同的语言进行交流。目前，Elias的教学测试进展得相当顺利，大多数学生对它的反馈很积极。以下是Elias的一些特色。

- **提供安全和中立的学习氛围**。Elias不会因为学生犯错而对其进行评判或嘲笑。这对那些容易害羞或学习速度较慢的学生特别有帮助，Elias使他们能够集中精力学习，而不会感到羞愧或承受来自同学的压力。

- **不厌其烦地进行教学**。机器人永远都不会失去耐心，这使学生

可以自在地以自己的速度学习。学生可以自由地安排学习时间，通过不断尝试来获得正确结果，机器人永远不会让学生觉得花了太长时间。

- **进行个性化的教学。**Elias可以根据每个学生的个人水平来定制他们的学习计划。这通常很有挑战性，即便对于最有经验的教师来说也是如此。

- **激发学生的参与意识。**鼓励学生积极参与学习。这一特点至关重要，因为让学生积极主动地参与学习，有助于更快地实现学习目标。

- **为教师提供反馈。**Elias能向教师提供每名学生的教学进度反馈，以让他们更好地了解情况并做出适当的调整。这有助于教师更有效地开展教学工作，使学生的整体学习体验得到改善。

我认为这种"机器人增强型教学"是一个很好的范例，它展现了如何在课堂上正确地使用机器人，以及机器人如何改善每名学生的学习体验。然而，最重要的是，在教学中应用机器人还应结合适当的教学原则和道德准则，分配足够的资源，并对其长期效果进行考察。

正如纳尔逊·曼德拉曾经说过的："教育是可以用于改变世界的最强大武器。"在人工智能的帮助下，我们开始看到这些变化所带来的益处。

18

人工智能如何革新农业

你知道吗？世界上约70%的淡水被用于农业；不吃肉比不开车更环保。这些事实是否颠覆了你的认知？

人工智能对资源的可持续性利用和人们的生活质量都将产生重大影响，这些影响主要体现在农业领域。尽管农业是世界上最悠久的人类实践，但人工智能依然可为之提供崭新的机遇，并将永久改变耕作方式。

以下是一些可以应用在农业中的技术。

- **农用无人机**。这种无人机能够监测农作物的生长和产量，识别杂草和被损农作物。此外，通过应用摄像机和其他传感器，农用无人机可以分析特定地形的耕种潜力，从而实现精准农业。根据全球市场洞察公司（Global Market Insights）的预计，到2024年，农用无人机市场的价值将超过10亿美元。

- **自动驾驶拖拉机**。自动驾驶拖拉机不但可以减少农民的工作量，而且还能通过附带的传感器来收集有关土壤状态的信息。数据收集和人力节约优化了耕作方式，降低了燃料和人力成本，实现了比传统农具更高的投资回报率。自动驾驶拖拉机的应用目前尚处于早期阶段，其最终目标是实现完全无人的操作模式，但在当下，它还需要某种形式的人类参与。

- **人工智能赋能的立体农场**。立体农场（又称"垂直农场"。——译者注）是用来描述农作物在受控环境中生长的术语，该环境通常没有土壤或自然光。据一些专家称，这种耕作方式将有助于缓解世界各地的粮食短缺问题。人工智能可以用来协助分析和跟踪这种精细化耕作的相关数据。

鲍厄里农场（Bowery Farming）已经开发出自用的农用系统，该系统利用传感器捕捉光线和养分数据，依靠计算机监控和机器学习来跟踪植物的生长。该系统还可以根据数据进行分析，提出关于某些作物收割时间的建议。这些技术替代了人工决策，这在以前原本需要人类进行细致监控并根据直觉判断才能实现。

正在执行任务的农用无人机

此外，物联网和新型传感器的发展也让农业受益匪浅，这些技术将简化以前的人工劳动，如牲畜健康状况的监测等。

随着人工智能技术在农业中的不断应用，它们将带来更高的投资回报，并可为空间不足、土地干旱或粮食短缺等传统农业面临的问题提供潜在的解决方案。

19

人工智能如何改变娱乐行业

2016年10月，我在洛杉矶参加了一个名为VidSummit的视频营销会议，该会议聚集了许多业内出类拔萃的视频营销精英。

我在演讲中分享了与人工智能对未来视频营销的影响相关的内

容。这方面的内容很重要，因为基于人工智能的工具将替代人类完成传统视频编辑过程的部分工作。这个观点让很多听众感到惊奇。后来，许多人找到我，渴望了解更多关于人工智能在其所在行业的潜在用途。

与其他行业一样，人工智能即将在娱乐业"崭露头角"，接管数据收集、市场研究甚至内容创作等任务。

以下是人工智能介入娱乐行业的几种方式。

- **由人工智能编辑的预告片**。IBM的沃森已经制作出第一部电影预告片，它完全是基于人工智能的资源而实现的。通过智能的学习过程，并结合对100多部类似电影预告片的分析，使沃森发现了制作高质量电影预告片的各个要素。分析的内容包括视角、音频、视觉效果、情感基调、整体效果等。

  沃森制作的是电影《摩根》（*Morgan*）的预告片，大多数人难以察觉该预告片不是由专业人员制作的。

- **面部识别和表情分析**。除了酒店、机场和零售商店引入了面部识别工具，大型娱乐公司也使用了这类工具。面部识别工具能够通过分析观众的面部表情来确定他们在观看某类影片时的反应。对于制片方来说，这是获得观众准确反馈的好方法，这能帮助他们在这种成本高、风险大的业务中提高利润。

显然，为了保持影片内容的独创性，一些导演投入了大量的精力，他们在影片制作过程中会抵制人工智能工具的使用。然而，对于那些大型电影公司来说，则可能考虑通过使用人工智能的洞察力来获取市场优势。因此，他们会首先采用人工智能工具。

最终，为了获得真正高质量的创意，最佳的方式应该为，将人工智能工具与人类才能结合起来。

- **由人工智能来制作流行歌曲**。2016年9月，索尼公司宣布，其研

究实验室开发出了基于特定算法的音乐创作系统。为了实现音乐创作，索尼公司的人工智能系统分析了13 000个音乐样本，然后通过算法来创作不同风格的歌曲。有了这项潜力巨大的技术支撑，该系统可以快速创作各种流派的音乐。

从某种程度上说，娱乐行业一直与创造力密切相关，这会让一些人认为，该行业对引入人工智能工具的需求不像其他行业那么迫切。然而，对于好莱坞的大型电影公司来说，面对市场份额和利润的竞争，这或许能成为在创意过程中使用人工智能工具的强大动机。

当人工智能工具与虚拟现实等技术相结合时，其潜力就更大了，能够创造极具冲击力的沉浸式娱乐体验。这引起了一些专家的担心，因为这会减少人际交往、培养关键社交技能的机会。出于这个原因的考虑，最好适度和谨慎地使用这些技术。

20

人工智能将如何影响公共服务

在有些人看来，提供公共服务的政府不算一个行业。即便如此，这也是一个非常重要的领域，它即将受到人工智能的强烈影响。

以下是两个具体案例，它们展现了人工智能会以何种方式对各国政府的流程和任务加以改善。

- **公共安全和安保。**在2002年，由汤姆·克鲁斯主演的未来主义电影《少数派报告》中，一些警察部门使用基于人工智能的软件来预测犯罪的"趋势"，并提前采取解决措施。这种事情可能永远不会在现实中发生。但机器学习的本质注定使它成为预防犯罪的完美技术。

PredPol是一款用于犯罪预防的人工智能工具，它能生成定制的报告，以提供犯罪最有可能发生的空间位置和时间窗口。该工具通过对各种犯罪信息（包括犯罪地点、日期和时间等）进行分析，来生成预测报告。

在撰写本书时，还没有独立的研究机构对PredPol的有效性进行分析。但若它真能如描述的那样发挥作用，就能够为警方提供重要的帮助。

然而，专家们对这类技术提出一个担忧，即它可能导致一些种族定性和其他形式的种族偏见等问题。

另一种有利于公共安全和安保的人工智能工具应用了面部识别技术，它可以帮助完成边境控制等任务。与传统的人工方式的护照监控相比，人工智能工具能够更为有效地识别罪犯。虽然这些工具能够加快筛选过程，但也可能引起旅客对个人隐私的担忧。

- **政府效率**。与其他行业一样，政府工作人员也可以通过应用人工智能来将一些基本的、重复的任务（如数据输入和分析等）交给人工智能工具，从而节省大量时间。德勤在一份名为《人工智能强化政府治理》的报告中称，仅在美国，人工智能工具每年可为联邦政府节省9 670万工时，并节省超过33亿美元。

  在许多国家，官僚主义和形式主义作风及海量公文都严重限制了政府的办事效率和效能。这些给政府工作带来了巨大挑战。

通过应用人工智能的解决方案，政府将获得许多潜在的收益。那些能够迅速适应人工智能技术并引导民众和机构学习人工智能技术的政府将获得更多的收益。

　　加拿大、中国、芬兰和英国等政府已经成立了专门的委员会或研究团体，在人工智能发展及本国如何从中受益方面，为政府提供咨询服务及建议。各国政府应该积极效仿、一道前行，共同探索最佳途径，让社会能够适应高速发展的人工智能技术，并从中受益。

第3章
人工智能如何改变商业流程

在本章中，你将了解10种不同的商业流程。随着人工智能的应用，这些商业流程不但将被彻底改变，而且会变得极为高效。

人工智能将在许多方面永久改变企业的运作方式，你是否意识到了这一点？

在人工智能的帮助下，各种规模的企业，甚至个体从业者都能有效地改善现有的商业流程。

我希望，有越来越多的企业主能尽早熟悉人工智能的优势和应用方式。因为越早使用人工智能就会带给他们越大的竞争优势。

在本章中，我列举了几个人工智能工具在企业中的应用方式。在阅读时请思考一下，你首先想用人工智能改进哪两个流程，然后制订计划并付诸行动。

《商业领袖的人工智能》的作者安蒂·梅里托（Antti Merilehto）向有意应用人工智能的公司分享了他的建议。

人工智能的发展对所有企业来说都是至关重要的。随着人工智能的普及，凡是有意愿使用人工智能的公司都有机会使用人工智能。

在最开始，你可以先利用高质量的数据来获得这一优势，但关键问题在于，你如何应用这些数据来解决公司和客户的业务问题，即基于优质数据提供出色的服务。

纸上得来终觉浅，绝知此事要躬行。现在，早已过了只是定义概念的时候了，而是到了利用自己的数据进行一些小实验，以及实现一些小目标的时候了。人工智能对企业的影响将在未来几年内变得更加显著，所以你最好现在就采取行动。当然，你也无须太过担心，因为别人也刚刚起步。

——安蒂·梅里托，《商业领袖的人工智能》作者

21

如何使用智能助理

你可能已经见到或用到了一些基本的人工智能助理，如苹果的Siri、微软的Cortana、谷歌语音搜索（谷歌助理App的功能）。这些具备基本功能的智能助理可以帮你做一些事，例如打开某程序，查询天气状况或前往目的地的方向和路径等。

最新版本的Siri可以在第三方应用程序中执行任务，例如通过语音命令向你的领英好友发送消息，或者向你的家人发送WhatsApp（类似微信的一款App。——译者注）消息。据权威信息技术研究公司高德纳（Gartner, Inc.）称，到2019年，在智能手机上，有20%的用户互动将通过智能助理进行。

在撰写本书时，大多数智能助理还都无法完成复杂的任务，例如预订酒店或对一个话题或问题进行较深层次的讨论等。但随着技术的不断改进，智能助理很可能在几年内变得更加强大，并能提供更为先进的功能。

尽管多数智能助理都无法执行复杂的任务，但值得注意的是，支撑它们的技术正以指数级速度增长。也许在不远的将来，我们就能看到智能助理所具备的更加先进的功能了。

2018年5月，谷歌展示了谷歌助理的能力，它可以使用酷似人类的声音来向一家发廊预约时间或向一家餐厅预订座位。在展示中，谷歌助理回答了所有问题，甚至使用了听起来很自然的语气词，如"嗯""呃"和"嗯哼"等。你可以在很多视频网站上找到有关谷歌助理的对话视频。

这是智能助理向前迈出的一大步，但也显示出使用这类技术存在的一些重大隐忧和伦理道德问题。为了回应公众对智能助理的担忧，谷歌宣布，当正式向公众发布时，该智能助理在与人类交互前将首先声明自己是机器人，而非人类。

亚马逊的Echo是一款由亚马逊Alexa语音支持的智能音箱

许多专家注意到一个有趣的事实，即当前市场上的智能助理几乎都用的是女性的名字。

我预计，很多大公司很快会推出更为先进的智能助理，人们将在日常生活中用到它们。然而，这也意味着更多的个人数据有可能被上传到云端。一旦这些保存在云端的隐私数据受到黑客攻击，将引发严重的隐私安全问题。

例如，你很可能不愿意在谷歌或亚马逊的云服务器上保存你的家庭对话——服务器万一被黑了怎么办？实际上，在我参加过的一些会议上，许多听众都表示，他们永远不会在家里安装智能助理，因为担心隐私受到侵犯。

为应对这一挑战，一些初创公司正致力于此，尝试设计出能够保护用户隐私的智能助理（仅对智能设备上的数据进行处理，而不会将数据上传云端）。巴黎的一家名为Snips的人工智能初创公司就在进行

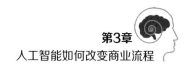

类似的尝试。这些隐私要求可能给智能助理带来非常大的挑战，即它们既要提供特色功能，还要保护用户隐私，并保证客户的所有数据远离云端。

22

人工智能如何改变市场调研工作

设想一下，在将来，你能够以快速、轻松的方式获得高质量的市场调研结果。这种服务以前只面向那些最有实力的大公司，只有这些企业巨头才有实力将这项任务外包给最好的市场调研公司。对此，你是否感到兴趣盎然？

在以前，市场调研的工作不但十分耗时，而且从消费者那里获取的数据也不准确，因为从消费者的想法和决定中获取观点的方法并非完美。

现在，谷歌和脸书上都有免费使用的基于人工智能技术的在线调研工具，包括谷歌Trends和脸书 Audience Insights，这使任何企业都可以获得高质量的实时信息。通过使用这些工具，企业能够提前预测所在行业的发展趋势，准备好应对措施，从而让企业获得竞争优势。

尽管目前只有少数公司能充分地利用这些稀缺的数据资源，但人工智能工具（如IBM的沃森）的发展，将使每个人都能从全行业的全方位市场研究数据中受益。数据处理的速度也将是前所未见的。

使用人工智能工具分析出来的市场洞察结果，有助于企业对市场的新趋势做出快速反应，使其成为行业领导者，从而促进企业利润的增长。

人工智能工具可以生成多种信息，以下是一些最具影响、最为重

要的信息。

- **竞争对手的详细信息**。这包括洞悉竞争对手的各种相关信息。包括：收入流信息、成功产品的信息、人力资源情况、核心竞争优势、正面临的困难挑战和在社交媒体上的表现等。

- **消费者洞察和预测数据**。随着可用数据量的不断增加，人工智能工具将更容易地分析消费者信号，为未来发展趋势创建预测报告。例如，企业现在可以使用谷歌Trends或脸书 Audience Insights来确定消费者将在本季搜索哪种万圣节服装。如果由人类操作，这可能需要很长时间才能得到结果，而通过人工智能来分析消费者信号将使这一过程变得更快捷、更高效、更有效。

- **产品个性化契机**。在精准推送个性化的产品广告方面，人工智能工具发挥了重要作用。人工智能工具依据用户的性别、年龄、住址和职业等因素来定制广告体验，帮助企业识别关键受众，并在个体层面与客户更有效地沟通。这就是未来的广告。

- **最具影响力的消费明星**。人工智能工具可以帮助企业识别特定市场，并利用最有效的渠道进入市场。这在YouTube和Instagram等社交媒体平台上尤为有用，这些平台上的网红大V们能够迅速且有效地影响大量粉丝。利用那些在目标受众中影响力最大的人，通过定制的评论来推广你的产品或服务，这被称为**影响者营销**。如果做得正确和真实，营销成功的概率将会很大。

人工智能工具的能力惊人，过去需要数月才能完成的市场调研，现在可以在几小时甚至几分钟内完成。在未来，各种规模的企业可能都可以使用这些基于人工智能的市场调研工具。尽管如此，最好的机会无疑是为那些最有意愿使用这些工具的企业家准备的，他们希望借此迅速推出新产品以领先其竞争对手。

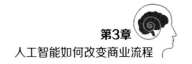

在这一节中，我特意未提及具体的工具（可以执行所有上述任务）名称，这是因为目前这种工具都比较昂贵。然而，对于大中型企业来说，IBM的沃森仍然是一个不错的选择。在人工智能的帮助下，市场调研可为企业提供无限商机。

23

人工智能如何改变销售工作

消费者观看广告的方式多种多样，有线上的也有线下的。这几年，将企业的品牌信息有效地传递给消费者已经变得越来越复杂了。

近年来，一些营销人员和中小企业主开始设计**客户购买角色**，以试图弄清楚理想的买家画像。传统方法含有大量猜测因素，而现在则不同，分析结果是根据收集的客户历史数据，以及脸书和谷歌Analytics提供的见解得出的。

如今，一些公司已经开始测试人工智能销售工具，并取得了惊人的成果。例如，哈雷戴维森（Harley Davidson）在纽约的门店就使用了人工智能销售工具，令其销售额增加了2 930%。这一结果令人难以置信。

哈雷戴维森使用的是一个名为Albert的人工智能工具，它通过CRM（客户关系管理）工具分析现有的客户数据，该工具定义了高价值客户在历史交易中的表现，然后将这些信息与其他数据点（如网站访问者的分析）进行比对。

《哈佛商业评论》研究了传统的创建买家角色与在销售中使用人工智能工具之间的区别，并得出了以下结论。

传统意义上，营销人员使用买家角色（广泛的、基于行为的买家

画像）作为寻找新买家的基准。这些买家角色部分是根据历史数据创建的，部分则是根据猜测、直觉和营销人员的经验创建的。围绕买家角色设计营销活动的公司通常倾向于使用比较直接的指标（如销售总额）和更多的猜测来评估营销的有效性。

而人工智能系统则无须创建买家角色，它通过确定哪些实际的在线行为最有可能实现销售，来找到表现出这些行为的潜在买家。

哈雷戴维森的案例及其他使用类似工具的公司为人们做出了很好的展示——如何利用人工智能工具那令人震撼的分析结果来实现销售增长。

许多公司都在开发基于人工智能的新技术来改善销售流程，Albert公司仅为其中之一。

集客营销公司Hubspot提供了另一种工具，它可以为企业广告进行个性化的设计，并提供预测领先得分的功能。关于集客营销公司使用人工智能的更多信息，可以在Hubspot的网站上查看。

关于销售领域的发展，还有另一个值得注意的事情。Salesforce（B2B市场CRM解决方案的领导者）正在与沃森（IBM创建的人工智能工具）开展合作。可以看出，将传统销售资源和基于人工智能的工具相结合，能创造出强大、有效的销售流程。

24

人工智能如何改变市场营销方式

人工智能的发展将极大地改变公司向消费者推销产品和服务的方式。

根据Salesforce Research对全球3 500名营销领导者进行的一项调查，有51%的企业在2017年至2019年已使用或计划使用人工智能。

Salesforce的第四次年度"营销状况"报告也凸显了这一结果。

该调查还显示，在使用人工智能的企业中，有64%的企业表示人工智能极大地提高了其整体营销效率。值得一提的是，企业目前使用的人工智能工具还很简单，其功能与将来的工具相比是微不足道的。因此，我认为这一比例会随时间的推移不断增大。

该调查还列出了营销领导者在应用人工智能时要面对的三个最具挑战性的障碍。它们是：预算限制、隐私问题，以及需要将数据存储在独立的系统中。

人工智能也开始在付费广告方面发挥更重要的作用。谷歌和脸书已经在其付费广告平台上大量应用了人工智能技术。Juniper Research的一项研究显示：到2022年，将有近75%的数字广告使用人工智能来锁定用户。这意味着，付费广告在未来会相当依赖人工智能技术。以下是人工智能将改变营销格局的几种方式。

- **聊天机器人**。中小型公司将开始围绕聊天机器人提供的信息来建立他们的**营销漏斗**（或购买漏斗，用于展示客户购买产品或服务的过程）。这些聊天机器人能向客户提供产品信息，为客户定制产品和服务。同时，在这个过程中收集到的信息将帮助公司快速创建有效的、个性化的营销漏斗和销售流程。

- **SEO（搜索引擎优化）**。语音搜索技术正在迅速发展。随着各种工具能以更加自然的方式处理语音，更多的用户将使用语音搜索，而不再使用传统的文字搜索。这将改变搜索关键字的使用方式，因为人们在进行口头交流时所用的表达方式与书面交流时有所不同。

- **预测搜索**。谷歌搜索引擎的目标是，能够预测用户可能想搜索什么，并提前给出搜索结果。得益于机器学习，谷歌智能助理可通过分析你要搜索的内容，并根据搜索结果来向你提出可能

的搜索建议。

- **人工智能工具**。如今，在网络营销人员使用的所有主要工具中，都应用了某些人工智能技术。就我个人而言，我使用的是源自谷歌Analytics的Quill Engage，它能向我发送关于我的网站性能的个性化报告，还能用简单的术语给出分析结果并提供改进建议。这些工具可以帮助企业家节省时间和金钱。

这些只是人工智能技术改变营销方式的几种方式，还有许多其他方式。我估计，在未来几年内，市场营销的所有方面都将涉及某种形式的人工智能，所以最先使用人工智能的人将会获得先发优势。

25

如何利用人工智能改善电子邮件营销

电子邮件营销是近年来最有效的数字营销手段之一。随着人工智能技术的不断发展，我们将看到越来越多的公司使用人工智能技术来改善电子邮件的营销效果。

在运行时，人工智能通常需要大量的数据。因此，现在大多数基于人工智能的电子邮件营销工具可能都是为大公司设计的。

人工智能可以通过"结果优化"来改善电子邮件营销。例如，人工智能可以分析公司过去发给潜在客户的电子邮件，然后根据这些分析来建议如何改善电子邮件的各个要素，如主题行、行动呼吁和正文内容等。

在未来，有效的电子邮件营销可能主要涉及基于客户档案的大规模、个性化电子邮件。这将需要进行大量的数据分析，而人工智能在这方面是十分擅长的。

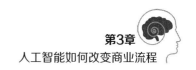

　　Boom Train公司可使用人工智能对网站用户的行为进行分析。根据分析结果来提供个性化的电子邮件营销。

　　谷歌将人工智能整合到旗下的所有产品中，也包括Gmail的电子邮件服务。

　　目前，谷歌的智能回复工具适用于iOS和安卓手机。通过评估你收到的信息，Gmail能够给你提供三条可能用到的简短回复建议。选中其中一条建议的回复，你就可以直接发送邮件，或者在此基础上继续添加内容，然后再发送邮件。这是一个非常省时的功能，该功能也有可能在其他应用程序中使用。

　　另一个实用的人工智能工具是Respondable。为了能与谷歌的Gmail协同工作，这个工具提供了改进电子邮件内容的建议，并提供了诸如电子邮件主题、基本的信件礼节格式和发送文本的长度等指标。

Gmail的Boomerang网站

你可以访问Boomerang的网站来获取Respondable的相关资源。

　　更加先进的工具和功能很快就会出现，所以，我建议你现在就开始使用Respondable和Smart Reply（谷歌智能回复），以尽快熟悉这些技术。无论是个人使用还是商务办公，基于人工智能的电子邮件系统

都可以实现更为快速、更有效的沟通。

26

人工智能可以成为领导层的成员吗

人工智能已经能在公司领导层的决策中占有一席之地了。

公司领导层的决策往往较为复杂，对于决策可能给公司带来的影响，通常需要先进的数据分析来进行预测。而这简直就是人工智能如鱼得水的工作环境。

领导层团队

芬兰公司Tieto已经在领导层的团队中使用了人工智能助理Alicia。Alicia被视为领导层团队的正式成员，甚至拥有投票权。

在一次采访中，Tieto公司的Taneli Tikka证实，Alicia近期向董事会成员提示了重要数据和统计分析信息，以帮助他们做出更为明智的商业决策。Tieto公司的人工智能应用堪称范例，这种在领导层团队应用人工智能助理的方式很快就会在各种规模的企业中普及，尤其是在那

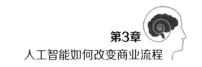

些大型企业中。

作为领导层团队的成员，人工智能助理的任务可能包括对决策进行分析和建议。例如是否拓展新市场；是否收购竞争对手；是否开发新产品等。

像IBM沃森这样的人工智能助理已经能够把来自外部的各种复杂数据进行整合，然后将数据与公司内部指标和业务目标进行比对，以分析这些数据之间的关系及业务发展趋势，最后根据分析结果向公司提出建议。

此外，由于人工智能助理能够不断学习和提高，因此，随着时间的推移，它们能够更为高效地处理更多的数据，成为其所服务公司不可或缺的合作伙伴。

27

人工智能可以承担客户服务吗

随着人工智能技术的应用，首先会经历巨大变化的业务就是客户服务。

在接下来的几年中，当你致电任何一家大型银行、互联网服务提供商或大型公司时，都可能与基于人工智能的机器人（或聊天机器人）进行一席自然而逼真的对话。该机器人（或聊天机器人）旨在像人工客服一样响应对话或回复文本，但它能比传统的人工客服更快捷更有效地找到客户问题的解决方法。

除了具备口头和书面交流功能，人工智能客服也即将具备阅读能力。斯坦福大学的研究人员开发了一种测试机器阅读能力的方法：斯坦福问答数据集（SquAD）。它可以测试人工智能在阅读一组百科文

章后回答相关问题的能力。微软公司和中国电商巨头阿里巴巴的人工智能在这项测试中取得并列第一，它们都打败了得分最高的人类。这意味着人工智能现已具备比人类更好的阅读能力。

不难想象，在处理大多数基于文本的客户查询工作时，在准确性方面，人工智能即将做得比人类更好。在几年内，我们将看到越来越多的客户服务代表被人工智能取代。随着人工智能发挥出更加重要的作用，客户服务需要的人力投入将会随之减少。

据权威研究公司高德纳称："到2020年，客户在无须人类参与的情况下，通过人工智能就能协调好与企业间85%的关系。"这是个巨大变化，随着人工智能技术的发展，这项预测不难实现。

客服工作会受到人工智能的巨大影响，主要有两个原因。

一是，现代消费者都希望企业能为其提供快速响应和全面的解决方案。这一点靠人工处理很难做到。对于许多企业来说，这都是个不小的挑战。因为企业只希望客户的需求得到满足，而不希望雇用每周7天、每天24小时待命的大型人工团队。

二是，许多客户服务工作是重复性的。只要用特定的数据集就能解决很多特定问题，这非常符合人工智能的应用特点。尽管有些业务仍然需要创造力和人工客服咨询提供的解决方案（这种工作目前对于人工智能来说还过于复杂），但大多数企业发现，人工智能客服已经足以满足客服工作的需求。

通过使用免费或廉价的人工智能工具，一些中小企业已经在其商业模式中应用聊天机器人了。这些工具既不需要高级编程知识，也很容易使用，任何想通过聊天机器人改进其客户服务流程的企业家或组织负责人都能轻松上手。

随着越来越多的公司对人工智能客服表示兴趣，这类技术的研发会吸引更多的投资，从而促进其应答及响应能力的改进和提高。早期

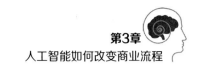

版本的人工智能客服可能并不完美，但这一领域的发展趋势无疑是迅猛的。

利用人工智能客服的公司将获得巨大优势，如更低的人工成本、更快的客户响应速度，以及个性化和规模化的响应能力。在后面的章节中，我将对聊天机器人及其优势进行更为深入的研究。

应用人工智能客服也有一些缺点。其中之一是，大量的人类客服人员将被人工智能取代。这些人类客服和其他一些被人工智能取代的人员，都迫切需要得到再就业培训。为了帮助那些已被人工智能取代的人员学习新技能，以便在不受人工智能威胁的领域顺利就业，做好这类培训的准备是必要的。在第5章，我将对此进行更为详细的讨论（第5章将讨论人工智能客服如何改变就业市场）。

应用人工智能客服的另一个潜在缺点是，人工智能客服在处理客户需求时，无法进行情感交流。许多人喜欢与他人交流，因为他们能感受并传递同理心和同情心等情感，而人工智能现在做不到这一点。此外，在更高的层面来看，人工智能会减少人们互动的机会，可能导致人们的孤立感和孤独感增加。

28

如何利用人工智能会计来节省时间

让我们面对现实吧……对于大多数的企业经营者和所有者来说，会计不仅是一项耗时、耗精力的工作，而且还需要一些数学技能才能完成。虽然会计工作让人感到既困难又乏味，但这一特点非常适合应用人工智能。

目前，Dooer公司很好地应用了基于人工智能的会计工具。Dooer

是瑞典的一家人工智能初创公司，它使用视觉识别和人工智能来自动完成基本的会计工作。《商业内幕》最近介绍了其工作流程：

"会计工作所需的一些样本将被拍照，包括收据、发票、企业损益表、工资报表等。这些信息被录入Dooer平台，该平台与客户开户银行账户及瑞典税务部门集成在一起。Dooer将客户的银行交易与上传的收据、发票照片进行匹配，并在月底向客户发送一份摘要以供审批。"

Dooer公司的网站

随着技术的不断发展，可能还会出现很多基于人工智能的会计工具来帮助创业者更快、更容易地做好会计工作。然而，在大公司里人们可能还需要由会计师来处理更为复杂的会计工作。

29

人工智能如何改变人力资源工作

你想马上确认你的福利待遇吗？你想马上知道今年还剩多少假期吗？你只需要咨询一下公司里的聊天机器人就能立即得到答案。

设想一下吧！在将来，你无须查看公司员工手册，也不用打电话给人力资源部，而只依赖高度智能的人工智能人力资源工具就能快速、轻松地获得关于人力资源基本问题的答案。

人工智能非常适合处理许多人力资源方面的日常工作。随着人工智能工具被越来越多地应用于人力资源工作，企业的劳动力成本将随着生产力的提高而下降。

塔拉公司（Talla, Inc.）是开发这类前沿技术的初创公司之一。该公司开发的聊天机器人专注于改善企业的内部沟通，允许管理者快速、轻松地创建会议通知，并向其团队发送预定的消息。这些功能有效地提高了企业的工作效率。

随着基于人工智能的人力资源工具的改进，我们会看到更多办公用途的聊天机器人或类似工具来促进企业的内部沟通。

人工智能也可以用于招聘工作。在传统工作中，为填补一个职位空缺，公司不得不花费大量时间来寻找合适的候选人，并通过人工搜索数据库或审查简历来对申请人进行比较。现在，基于人工智能的人力资源工具可以迅速从社交媒体、领英等专业网站上收集候选人的详细信息，然后根据对信息的分析结果来为管理者提供招聘建议。

实际上，这些工具的价值已经远超招聘流程本身，因为公司还可以使用基于人工智能的人力资源工具来分析员工的工作业绩，查询诸

如某员工的迟到频率或评估与某员工签订合同的货币价值等。管理者可通过审查这些数据来做出人事决定。在未来，员工被解雇的原因甚至可能就是这类人工智能工具提供的建议。

未来主义者戈尔德·莱昂哈德是《人机冲突：人类与智能世界如何共处》一书的作者，我强烈推荐你阅读此书。他创造了"androrithms"这一术语，表明人类有一些特别重要的品质（如同情心、创造力和讲故事的能力等）是机器无法直接判断的。基于这一考虑，他建议即使最好的人工智能工具也不应该单独用于人力资源决策，而应该与管理者的谨慎考虑相结合以形成最终决策。你可以访问Androrithms的网站以了解更多关于"androrithms"的信息。

30

人工智能可以成为法务团队的成员吗

当我第一次在"不付钱"网站上测试人工智能聊天机器人时，它与我沟通的速度让我颇感震惊。

这个了不起的聊天机器人可以提供免费、快速的法律援助，还能够帮助你解决一些小的法律问题，如停车罚单争议等。事实上，据《卫报》的一篇文章称，在伦敦和纽约等大城市，这个法律聊天机器人已经成功处理了超过16万起有关停车罚单的争议，而且用户无须支付任何费用。

在媒体上，这个聊天机器人被授予世界上第一个**聊天机器人律师**的头衔。这让很多人想到，在未来，这类基于人工智能的聊天机器人将终结人们对传统律师的需求。与此同时，我们还应当清楚地认识到，目前聊天机器人提供的法律服务水平相当有限，它还无法承担许多由人类律师完成的任务，例如在法庭上作为代理律师或在工作地点访问客户等。

然而，可以确定的是，目前由专业律师处理的一些不那么复杂的法律事务，将很快被移交给人工智能聊天机器人。

除了应对交通罚单，人工智能聊天机器人还有助于研究专利事务，它能从法律数据库中获取大量信息，这使其成为受中小企业欢迎的工具。

尽管更复杂的法律事务仍将由专业律师处理，但许多律师也可能开始使用人工智能聊天机器人来协助自己完成一些日常工作。

第 4 章
聊天机器人将如何改变
沟通方式

聊天机器人
是什么

聊天机器人的
工具和平台

聊天机器人
的优势

聊天机器人
面临的挑战

优秀聊天机器人
具备的基本要素

企业级
聊天机器人的
供应商

关于聊天机器人
的一些专家建议

如何推广
聊天机器人

教育和健康领域
的聊天机器人

聊天机器人的
术语和资源

聊天机器人正因其实用性而迅速得到普及，应用聊天机器人成为企业开始使用人工智能的最简便方式。然而，我认为应该对这一话题进行全面讨论，这很重要。专家认为，在未来，在人们与企业的沟通中，人工智能聊天机器人将发挥更大的作用。这一章将讨论聊天机器人用于改善企业与客户间沟通的各种方式。此外，还将涵盖关于聊天机器人的其他一些优势和挑战。

当前，虽然聊天机器人尚处于应用的早期阶段，但我认为花点时间学习聊天机器人技术是值得的。因为很多企业都在朝着这个方向努力，并将其作为未来满足客服需求的解决方案。

31

聊天机器人是什么

从本质上讲，聊天机器人是通过文本或音频来进行对话的计算机程序。聊天机器人的应用已经越来越普遍，了解它们如何工作及如何从中受益非常重要。

西班牙科技企业家、Panoramio技术（在2007年，谷歌收购的一项服务）创始人爱德华多·曼乔（Eduardo Manchon）认为，在未来，消费者将主要通过聊天机器人与企业沟通，因为这是一个比在网站上填写表单更为自然的对话过程。基于这个原因，他预测聊天机器人将比网站或手机App更受欢迎。

我的预期也是如此。尤其是随着技术的发展，当聊天机器人能够通过语音输入更方便地进行操作的时候。

同样，脸书 Messenger的副总裁斯坦·丘德诺夫斯基（Stan Chudnovsky）相信，在未来，人们将更愿意通过信息平台与企业沟通，

人们更喜欢快速、轻松的对话服务，而不是拿着电话长时间的等待。

丘德诺夫斯基表示，目前有超过10万名开发者正在为脸书Messenger平台开发聊天机器人。因此，下面这种观点有了一些可信度，即未来最好的广告形式是来自人类服务和聊天机器人服务的结合。在这种情况下，当有聊天机器人无法回答或解决的问题出现时，人类可以接管对话。目前，这种混合型的聊天机器人模型似乎效果最佳。

基本的聊天机器人技术分为两种。一种是根据简单的、预定义的规则运行；另一种是通过人工智能运行。使用聊天机器人的主要好处是，它能提高交流速度并提供全天候的响应。

聊天机器人有多种用途，如订购比萨、查看旅行安排、询问产品信息或接收美容小贴士等。

随着技术的发展，聊天机器人的应用方式将日新月异。以下是关于聊天机器人崛起的一些统计数据。

- 有47%的消费者表示，他们愿意通过聊天机器人购买商品。有37%的消费者愿意通过脸书购买商品。在过去的一年中，有67%的消费者曾通过聊天机器人寻求客服支持。

- 在阿迪达斯的聊天机器人推出后，在最初的两个星期内就有超过2 000人注册，重复登录的客户比例达80%。在一星期后，用户留存率为60%，该品牌称，这比手机App的效果好很多。

- 荷兰皇家航空公司透露，其推出的名为BB的聊天机器人可以提醒旅客办理登机，进行预订确认和回答问题。在投入使用的前7个月内，BB共向50万名旅客发送了170万条信息。

- 有80%的企业表示，他们希望在2020年之前通过聊天机器人提供服务。

手机App的生态系统为聊天机器人的普及铺平了道路，它是助推使用率逐步提高的主要因素。但这个生态系统正变得越来越拥挤，人们越来越难以真正发出声音。尽管手机应用商店里的软件繁多，然而对于大多数智能手机用户来说，每天真正使用的App只有少数几款。这为聊天机器人的流行创造了一个较好的环境。相对来说，聊天机器人具有较新的技术，也让人有新鲜感，这为那些想尝试新鲜事物的用户提供了一个更有趣的选择。

随着时间的推移，聊天机器人将更善于配合人类的对话，客户互动和公司内部交流等都将可以通过聊天机器人来实现。

32
聊天机器人的工具和平台

你一定想知道，现在都有哪些研发聊天机器人的公司，提供了哪些相关工具可助你起步。其实，目前有很多聊天机器人工具可用。不仅如此，随着聊天机器人对企业的重要性与日俱增，每天都有更多的聊天机器人工具被创造出来。

在下图中，你可看到聊天机器人领域中的一些知名公司和工具。

聊天机器人概览

- **即时通信平台。**这是消费者或客户经常使用的聊天机器人平台。对于大多数B2C（企业对消费者）企业来说，脸书Messenger是主要的选择；对于许多B2B（企业对企业）企业来说，Slack（在Slack上构建的聊天机器人）是B2B企业常用的即时通信平台。

- **聊天机器人的构建工具。**有很多工具可以帮助你构建自己的聊天机器人。对于中小型企业来说，最受欢迎的工具是Chatfuel和Manychat。我个人推荐Chatfuel，很多大公司和知名企业也在使用这款工具。

- **人工智能工具。**用于构建具备人工智能的聊天机器人，这类工具支持自然语言处理（NLP），甚至可支持语音聊天机器人。IBM的沃森、亚马逊的Lex、微软的 Azure和谷歌的Dialogflow等都是此类工具中最被认可的供应商。

- **智能个人助理。**个人助理包括谷歌智能助理、亚马逊的Alexa、微软的Cortana和苹果的Siri等。其中，亚马逊的Alexa是很多企业开发语音聊天机器人的平台。尽管这类开发主要是由大型企业来完成的，然而在未来，大多数小型企业也有可能将聊天机器人集成到其智能个人助理中。

33

聊天机器人有哪些主要优势

当一家公司开发和应用聊天机器人时，它通常要实现一些自动化的功能，来完成与客户或消费者的沟通。例如，约80%的关于特定产品的询问都是重复性的，不需要特殊的交流服务。因此，创建一个能够共享产品基本信息的聊天机器人就很有意义。无论客户在白天还是晚上（或任何时间）进行访问，都能得到即时的、有效的回复。

使用聊天机器人能带来很多优势。它不仅适用于企业，也适用于许多其他类型的组织。以下是聊天机器人带来的一些最主要的优势。

- **即时沟通**。在传统的沟通方式中，等待是客户感到最糟糕的体验之一。而聊天机器人对客户的基本需求能够提供即时回应。
- **降低运营成本**。与需要支付时薪和福利的传统人工客服员工相比，聊天机器人在被开发出来并投入使用后，其使用成本极低甚至为零。之后，我将分享一种创建聊天机器人的免费且有效的方法。
- **易于访问**。无须下载专门的软件就能与聊天机器人交流，这是因为大多数聊天机器人都是在当下流行的服务平台上运行的，如脸书 Messenger、Slack、Telegram、Kik等。这同时意味着，企业可以通过聊天机器人接触到大量客户。
- **节省时间**。除了成本效益，企业还可以通过使用聊天机器人来减少花费在沟通工作上的时间。
- **手机服务**。对于大多数企业和组织来说，开发聊天机器人比开发手机App更有效、更划算。况且，手机App的客户留存率往往较低。与之相比，聊天机器人的客户留存率要高得多。
- **批量沟通**。与人工呼叫中心或客户服务小组提供的传统沟通方式相比，聊天机器人可以在短时间内轻松地与大量客户进行沟通或为他们提供服务。
- **个性化与时俱进**。当聊天机器人应用人工智能和机器学习时，它们能够记住客户在之前的沟通中问了什么问题，并能根据所有历史信息对当前对话进行个性化处理。这提供了更好的使用体验和更高的客户满意度，以及比人工客服员工更为有效的沟通。

- **增加打开率**。当聊天机器人与客户交互时，可以发送各种类型的通知信息。这些信息往往有很高的"打开率"，通常为85%~90%。与传统电子邮件只有25%~30%的打开率相比，这个结果简直是不可思议的。

在市场营销中，使用聊天机器人的另一个优势是，能够获取大量数据，并据此对潜在客户进行分析，这可以改善营销工作，增加销售额。

应用聊天机器人也有一些问题，特别是当企业没有为聊天机器人制订出有效的响应计划时，问题尤为明显。低劣的聊天机器人可能让客户感到沮丧。除了人工智能带来的诸多优势，精心设计、对聊天机器人进行定制的公司会赢得更多的竞争优势。

在工作场所使用聊天机器人的主要优势

聊天机器人的增长是爆炸式的，大多数关注数字营销趋势的人都了解这一点。用于改善营销或客户服务流程的聊天机器人更是如此。在很多情况下，这些聊天机器人都是为了与脸书 Messenger一起使用而开发的。

然而，很多人并没有意识到，聊天机器人也可以用于企业内部沟通。这对大型企业来说尤为有益，聊天机器人可以提高工作效率并改善员工内部沟通。

企业的规模越大，它就越能从聊天机器人的使用中受益。这是因为大型企业通常要处理更多的数据，执行比小型企业更为复杂的操作流程和规则。

用聊天机器人进行各类沟通

以下是一些大型企业在工作中使用聊天机器人的主要方式。

- **更快地接收信息**。今后你再也不用花费几小时的时间来寻找产品供应商了，聊天机器人花几秒钟就可以帮你找到最佳的选择，同时还能回答你的一些问题。

- **为员工提供更好的培训机会**。应用聊天机器人可以减少新员工所需的培训时间。此外，基于基本逻辑树创建的聊天机器人能让员工更好地访问企业内部的所有信息，帮助员工遍历企业内网中的所有数据。

- **改善人力资源方面的沟通**。你希望在未来两个月内休假吗？聊天机器人可以轻易计算出你还有多少假期，以及你的休假是否与同事在工作安排上有冲突。

- **调动好员工的积极性**。聊天机器人可以帮助你快速、轻松地向员工发送激励信息，例如，在他们完成关键工作时祝贺他们，或者对他们在工作中取得的成就给予认可。

- **更快捷的沟通**。传统上，企业内部的重要通知一般是通过电子

邮件或内部局域网传达的。而聊天机器人则可以更快地与所有员工分享最新信息，这在处理突发事件或应对复杂局面（如合并和收购）时可能非常有用。

这些只是聊天机器人可以让大型企业受益的少数几个场景。随着技术的不断进步，类似的办公场景还会增加。

34

聊天机器人面临哪些主要挑战

企业使用聊天机器人与客户进行沟通是一个相当新奇的概念。聊天机器人将有助于改善组织与服务对象之间的沟通。当人工智能技术在未来取得更多进展时，效果会更为明显。

目前，聊天机器人技术还处于起步阶段。像大多数新技术一样，这项技术在发展过程中也会遇到一些障碍。即便如此，我仍确信，在接下来的几年里，人们会以各种形式与聊天机器人进行全天候的互动，感受它们所带来的诸多便利。

在为聊天机器人规划初始设计时，你可能需要考虑以下几个问题，这些问题是目前该领域的开发者所面临的最常见的挑战。

- **缺少高质量聊天机器人的范例**。如果你想创建一个网站，可以在谷歌或YouTube的网站上很容易地找到一些教程和最佳实践。然而，由于聊天机器人还是一项较新的技术，在关于设计过程及需要规避的潜在问题方面，很难找到很多有用的信息。

- **缺乏回答复杂问题的能力**。当某人与聊天机器人互动时，如果他的问题没有得到迅速和恰当的回答，就很容易令人感到沮丧。当今的一些最常用的聊天机器人是用决策树逻辑构建的，它们使

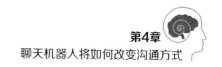

用来自大型数据库的信息，可以为你在选择时提供大量资源，如全食超市的食谱聊天机器人。

然而，当你输入一个较为复杂的请求或问题时，这些聊天机器人可能由于无法理解你输入的一些短语，而不能回应正确的信息。但随着NLP和人工智能工具的不断改进，聊天机器人的响应能力也将不断提高。

- **缺乏同理心和对话质量。** 就像人们与人类客服进行对话时一样，大多数人在与聊天机器人互动时，都希望能够进行有意义的对话。这意味着，聊天机器人需要识别人类情感并做出适当反应，同时表现出同理心，还能运用其他社交技能。在未来，聊天机器人会更好地实现这一点，但在目前，它们的对话表现往往相当乏味、毫无生气。

- **缺乏语音识别和高级功能。** 目前，大多数聊天机器人在语音识别方面表现不佳，未来它们可能在这方面有很大进步。增加语音识别和其他一些高级功能，将有助于提高聊天机器人的吸引力和普及程度。

- **缺少高质量的人工智能。** 如今，许多聊天机器人必须预先编程，而且只能提供有限的人工智能。机器学习的运用将极大地扩展聊天机器人的能力。例如，如果你要搜索一张机票，来一次说走就走的旅行，一个具有高质量人工智能的聊天机器人会在机票有更多优惠时提醒你。

聊天机器人的功能会变得越来越复杂，所以在刚开始时设计一个非常简单的聊天机器人是个好主意，但同时要牢记前面列出的那些挑战。

优秀聊天机器人应具备哪些基本要素

磨刀不误砍柴工！在计划创建自己的聊天机器人前，最好留出一些时间，亲自与几种最常见的聊天机器人交流一下。这能让你理解它们的工作方式，还能学习到一些好的实践，有助于在今后构建出更好的聊天机器人。

在你开始构建前，与三五个聊天机器人交流，并观察以下要素：

- 聊天机器人的用途和使用方法是否容易理解？
- 它们的回答是否清晰且对你有所帮助？
- 你最喜欢它们的哪些特性？
- 在交流中，有没有让你感到困惑或难以理解的情况？

写下你对这些问题的结果，并对聊天机器人进行分析。你认为它们在哪些方面表现得最为积极，哪些方面最消极。这将帮助你在创建自己的聊天机器人时，确定好要实现的关键元素，规避某些特定错误。

介绍两个很好的网站，可供你挑选聊天机器人：Discord Bot List和Chatfuel（使用Chatfuel技术创建的聊天机器人）。

有许多设计精良的聊天机器人可用来分析。例如，大型连锁酒店万豪国际集团目前正为开发聊天机器人进行大量投入，以用于客户服务。在万豪的网站上就应用了这样的聊天机器人（配有视频以展现使用这项服务的各种方式）。

值得一看的还有另一个有趣的聊天机器人：GrowthBot。它是由集客营销公司创建的，旨在为销售和市场营销专业人士服务，用于提供该行业的相关信息。例如，你可以向GrowthBot询问推特上当前流行的话题列表、任意公司在谷歌搜索中的排名，以及支撑某个网站运行的软件名称等。你可以在GrowthBot的网站上试试这个聊天机器人。

开发你的聊天机器人

当你计划开发第一个聊天机器人时，请先确定聊天机器人要包含的关键要素。以下是你应该考虑的基本要素。

- **聊天机器人的类型**。你想创建一个基于规则的聊天机器人，还是一个整合人工智能驱动元素（如NLP）的、更为复杂的聊天机器人？在大多数情况下，我建议先创建基于规则的聊天机器人，用它来提供基本信息。

- **设定交流风格**。根据公司的需要来定制聊天机器人的交流风格。要么更友好，要么更严肃。一般来说，轻松友好的交流风格是一个很好的选择。

- **使用表情符号**。在研究其他聊天机器人时，注意它们在对话中使用的表情符号。如果使用得当，表情符号可以提高文字交流的效率。因为表情符号增添了情感因素，可以让交流体验更接近与人类的交流，更有助于建立用户的信任。

- **定制交流内容**。你会为聊天机器人提供哪些内容？例如，通过聊天机器人服务，你可以向用户提供视频、pdf或音频文件。因此，请考虑好哪种格式的媒体文件能最好地将信息传达给目标受众。为获得更有效的用户体验并鼓励用户的参与积极性，我建议为聊天机器人定制独创的内容。

- **脸书 Messenger聊天机器人**。在脸书 Messenger平台上创建聊天机器人的主要优点是可以进行直播，这能让你与用户进行更频繁的交流。如果你选择了这个选项，一定要事先计划好内容。另外，注意不要在短时间内发送过多的信息，否则，用户

可能以为他们正在遭受信息轰炸或接收垃圾邮件。

一个聊天机器人的例子

全食超市的聊天机器人可作为一个高质量聊天机器人的范例。全食超市是一家美国连锁超市，现为亚马逊所有。它被托管在脸书Messenger平台上。要找到全食超市的聊天机器人，请在脸书Messenger的网站上搜索"wholefoods"。

与脸书 Messenger上所有聊天机器人一样，首先，你肯定会想到要在界面顶部找到"Get Started"（开始）按钮，然后点击它。

1. 欢迎信息。在这个区域你可以向用户表示问候，并对聊天机器人所提供的各种信息进行概述（内容最好简短）。请注意，全食超市的聊天机器人还特意提供了一个关于如何重新开始的简短提示。在这里，用户点击"got It"（知道了）。

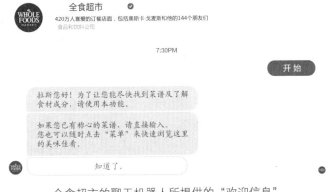

全食超市的聊天机器人所提供的"欢迎信息"

2. 主菜单项。这部分提供了各种选项和一张图片（如有需要）。尽可能将菜单项限制在三个以内，这样菜单就不会显得过于复杂。然后，试想一下你理想的客户最可能想找的东西。

在全食超市的范例中，聊天机器人的主菜单项包括：

- 查找菜谱。

- 浏览菜谱。

- 查找商店。

在这里,我选择了"浏览菜谱"这个选项。

全食超市的聊天机器人所提供的"主菜单项"

3. 进入可选选项。选择"浏览菜谱"后,聊天机器人会再提供三个备选选项,包括"菜肴类型""烹饪方法"和"特殊饮食"。此外,还有一个选项可以返回上级菜单。

我选择了"菜肴类型"。

4. 询问具体问题。基于我的以上选择,聊天机器人接着问我想吃哪种菜,这样它就可以呈现定制的信息了。

我选择了"Apps, soups & salad"(开胃菜、汤和沙拉)。

全食超市的聊天机器人所提供的用餐类型选项

此时,聊天机器人回复了一则令人愉快的信息:让我提出更具体的要求,以了解我要的是开胃菜、沙拉还是汤和炖菜,同时提供了返回上级菜单的选项。

请您选择菜谱口味。这里有真正的美味！

（开胃菜）（沙拉）（汤和炖菜）（返回）

全食超市的聊天机器人所提供的更具体的选择

我选择了"沙拉"。

5. 信息显示。根据前面的选项，聊天机器人为我提供了几个菜谱。我可以通过方向箭头轻松导航。

茴香片和柿子沙拉
茴香和柿子的季节性组合做成的沙拉

查看菜谱
返回

全食超市的聊天机器人所提供的菜谱选项

当选择"View recipe"（查看菜谱）选项时，我被引导回全食超市网站，在那里可以完整地查看菜谱。

通过体验全食超市的聊天机器人，你不仅可以看到聊天机器人是如何被设计出来的，还能感受不同的使用体验，这要比在网站上使用传统的搜索方式更具吸引力。当然，你不一定要为用户提供很多步骤，这取决于商品的类型。通过菜单选项来处理关联的互动和对话响应，不失为一个好办法。

对于本例中的及许多大型企业使用的聊天机器人，其消息结构如下：

- 欢迎信息。
- 提供三个选项。

- 指定搜索。

- 提供结果。

对于中小型企业或咨询服务，你可以考虑稍有不同的信息结构，如下所示：

- 欢迎信息。

- 三个选项。

  – 获取产品的信息。

  – 加入我们的课程。

  – 联系我们。

我建议你花一些时间，测试和评估一下各种类型的聊天机器人，无论是大公司设计的聊天机器人还是小公司的聊天机器人都要进行测试。

36

最常见的企业级聊天机器人供应商有哪些

中小型企业可能更倾向选择提供简单和基本功能的聊天机器人供应商，但一些较大的B2B企业会有不同选择，它们可能更希望选择一个实力更强、知名度更高的技术公司作为合作伙伴，以为其客户或员工构建聊天机器人。

以下是一些提供聊天机器人服务的龙头企业，使用它们的聊天机器人需要具备一些基本的技术知识。

- **IBM沃森**。IBM开发了用于沃森的技术，并提供了一个工具。该工具可通过使用沃森服务来帮助你创建自己的认知型聊天机器人。该工具包括沃森音调分析器和对话功能，这两种功能都

可以更好地解释对话线索，帮助用户设计出比基本的聊天机器人功能更强的产品。该工具目前已被美国几家大公司使用，包括1-800-Flowers、主要零售商梅西百货和办公供应链史泰博等。

- **亚马逊 Lex**。这款聊天机器人构建工具可通过亚马逊云服务（Amazon Web Services，AWS）获得，该服务已作为网站托管服务使用多年。亚马逊Lex允许用户使用自动语音识别（Automatic Speech Recognition，ASR）和自然语言理解（Natural Language Understanding，NLU），它应用了与亚马逊开发的智能个人助理Alexa相同的深度学习技术。如需使用亚马逊Lex，可以在亚马逊云服务的网站上查找相关的参考指南。

- **微软机器人框架**。微软也在大力投资聊天机器人的研发，并与其他公司合作开发更强大的聊天机器人技术。通过微软机器人框架，用户可以创建自己的人工智能聊天机器人，并且可以将其托管在各种平台上，如Skype（微软旗下的通话软件）等平台。你可以在Botframework网站查看由微软机器人框架开发的聊天机器人列表及使用指南。

所有这些资源都需要一定程度的技术知识，使用起来比基本的聊天机器人供应商提供的服务更为复杂。但作为"回报"，它们能够提供更强大的功能，包括图像和语音识别等，可以让用户获得更多的收益。

值得一提的是，甲骨文（Oracle）推出了一款名为甲骨文数字助理的企业级聊天机器人。该公司声称，甲骨文数字助理允许员工通过聊天机器人来处理人与人之间的互动，它可以显著提高用户的参与度和工作效率。这种类型的聊天机器人可能在全球的许多大型企业内使用，并逐渐在企业环境中普及。

37

关于聊天机器人，有哪些有价值的专家建议

利奥尔·罗曼诺夫斯基（Lior Romanowsky）是Spartans AI Innovation的创始人兼首席执行官，他在为各行业的公司创建和应用聊天机器人方面富有经验。Spartans AI Innovation正是为我设计聊天机器人的公司。

在下面的简短采访中，罗曼诺夫斯基分享了一些公司在创建聊天机器人时易犯的一些主要错误。此外，对于那些对设计聊天机器人感兴趣的人，他建议使用Chatfuel工具来创建聊天机器人并说明了原因。

聊天机器人为什么变得如此重要？为什么聊天机器人的应用增长得如此迅猛？

"自mIRC时代就有了聊天机器人，如今才得以开花结果，主要有以下几个原因：首先，信息类应用程序正变得越来越流行，它们在社交网络中快速增长。我们看到Whatsapp、Messenger、Viber等应用程序拥有数十亿活跃用户，人们每天都使用它们来相互交流。其次，效仿亚洲市场和中国的微信，脸书和其他领先的社交应用程序已经向聊天机器人开放了开发平台。这为企业间、品牌间提供了（在大多数情况下）更高效、更方便的交互方式。我确信，不管是文本类型的还是语音类型的聊天机器人，在十年内它们将在人们的生活中变得越发重要。它们将无处不在，从冰箱上到询问人们要去哪里的汽车上。"

企业在使用聊天机器人时常犯的最大错误是什么？

"在使用聊天机器人时，企业常犯的最大错误就是，试图在移动终端或计算机网页上重新设计界面。他们可能认为，聊天机器人的目

的各不相同，其用户体验也应该设计得不尽相同。其实，试图再去革新用户已经适应了的使用界面事倍功半。对聊天机器人来说，最有价值的是能自动给用户带来洞察力、更新和商品样式等信息，而不是向用户呈现网站上的那种平铺直叙的文本。

"另一个常见的错误是，在聊天机器人的使用上缺乏简明的引导。聊天机器人应该能够引导用户自行找到满足其需求的、最相关的选项或解决方案，而不仅是等待客户询问。许多大公司投入了很多时间和精力来开发具有NLP功能的人工智能聊天机器人，但均以失败告终。因为人们还是更习惯点击按键，而并不需要画蛇添足的功能。因此，在设计聊天机器人时，我们需要正确地判断用户需求。"

与其他聊天机器人创建工具相比，Chatfuel具备哪些优势？

"在聊天机器人开发领域，Chatfuel是一个不折不扣的市场领导者。它使不同层次的用户（包括新手和高级用户）都能轻松创建简单的聊天机器人，而且无须编码就能创建出来具备很好集成能力的聊天机器人。另一个实用工具是Chatflow，它能让你的想法在短时间内得到实现。因为它很容易上手，哪怕对于非技术人员也是如此。它的大部分功能是免费的，这对于任何想体验开发聊天机器人的人来说，都可以将其作为一个不错的入门工具。

"对于像沃森、Lex、Wit和DialogFlow这样的解决方案，如果没有一定的聊天机器人方面的编码技能，用户很难直接上手。不过，这些解决方案在基于人工智能的NLP能力方面，有很多附加值（这正是Chatfuel所缺乏的），基本上是对Chatfuel的补充。现在，除了Chatfuel，我主要使用DialogFlow、Wit.ai（脸书推出的用于将自然语言转化为可处理指令的 API 平台）和Rasa（一个服务器端的解决方案），用于将NLP功能添加到定制的平台和项目中。"

你可以在Spartans的网站上找到更多关于罗曼诺夫斯基和Spartans

AI的信息。

38

如何推广聊天机器人

当你创建好聊天机器人后，下一个目标就是要让用户很容易找到它并与之进行互动。聊天机器人是比较新鲜的事物，能够提供新颖的体验。与订阅电子邮件相比，用户可能对使用聊天机器人更感兴趣。

有很多方法可以吸引用户尝试你的聊天机器人。如果你的聊天机器人通过脸书Messenger运行，还可以通过以下8种方式来推广。

- **脸书广告**。在过去的几年里，脸书广告已经成为推广网络内容最有效的方式之一。尽管现在脸书上的营销空间相当拥挤，但专门推广聊天机器人（脸书Messenger bots）的广告并不常见，所以通过这类广告或许能让你的聊天机器人脱颖而出。你可以在广告上强调机器人的特色核心价值，以吸引用户使用聊天机器人服务。

- **M.Me链接**。这些短链接可以直接将人们引向你的聊天机器人，还能通过各种媒介轻松分享，包括你的网站、YouTube视频、电子邮件、即时消息App等。

- **脸书页面**。在你的脸书页面上推广聊天机器人，这样访问者和"粉丝们"可以直接通过你的主页轻松访问和使用聊天机器人。

- **搜索**。让用户可以通过脸书Messenger搜索到你的聊天机器人。这种方法能帮助你获得一些新用户。但人们可能更习惯用谷歌搜索来查询内容，毕竟谷歌搜索是一个众所周知、令人信服的搜索引擎。

- **发现标签**。这是脸书Messenger移动端App的一个新功能，用户可以用来寻找并尝试新的聊天机器人。为了让你的聊天机器人出现在"发现标签（Discover Tab）"中，你需要在脸书的开发者页面提交申请。

- **网页插件**。在你的网站上设置插件，通过该插件，访问者可直接与你的聊天机器人建立连接。

- **分享**。脸书还允许聊天机器人的用户与他人分享自己发现的有趣内容。通过策划有创意的聊天机器人内容并设置好分享按钮，让用户更容易将其转发给他们的朋友，从而提高分享率。

- **信使代码**。这是一种新潮的代码系统，尚未被公众熟知。这个系统一般通过用户的脸书页面或智能手机向他们提供代码，让用户可以轻松地访问你的聊天机器人。这些代码对本地企业来说尤其有效，代码可以被放置在商店的橱窗里，让路过的人快速、轻松地扫描代码以添加聊天机器人服务。

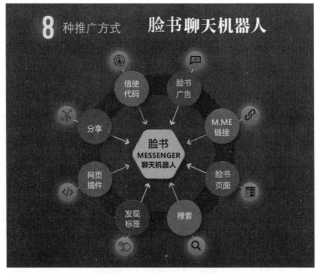

推广脸书聊天机器人的方式

为使聊天机器人的使用效果最大化，请考虑一下用什么办法能让用户更多地使用你的聊天机器人。例如，尝试介绍聊天机器人能为用户提供的功能和益处等。

39

聊天机器人如何应用于教育和健康领域

大多数人听到"聊天机器人"这个词时，都会想到客服支持。尽管目前的许多聊天机器人是为满足客户服务需求创建的，但我相信聊天机器人所能提供的更多好处还有待挖掘。在此，我预测聊天机器人将对教育和健康领域产生重大的积极影响。

教育和健康领域中的许多工作都很简单却很重要，聊天机器人在将来可能是用于这些领域的一个出色工具，它们所提供的自动化协助可以产生深远的影响。

教育聊天机器人

在未来，许多基本的学习机会可能要由聊天机器人提供。在过去，想学习新东西的人必须找到适合的教材，并花时间阅读整本教材。在今天，人们可以通过浏览网站或观看视频进行学习。在未来，设计精良的教育聊天机器人将提供互动式的教学方式，这是过去和现在的教学方式所无法比拟的。

将特定学生对某学科知识的掌握程度进行整合，在未来，这将在教育聊天机器人上实现。根据整合的信息，能够设计出最能满足学生需求的定制化教材。基于灵活性和相关性设计，教育聊天机器人能够提供更佳的互动体验，这将比观看视频或阅读教材更有趣，也更吸引人，促使学习活动由被动变为主动。

这并不是说人们将来不再需要老师或教练了，而是把教育聊天机器人当作教育工作者的一个出色的工具（一个能为学生提供更具个性化、更好的学习体验的教学工具）。

现在，一些教育机构已经使用聊天机器人来为学生提供附加信息了。SoccerAI是教育聊天机器人的一个范例。这个聊天机器人可以在iOS设备的App Store上下载，是一个用于学习足球基础知识的聊天机器人。我的一个朋友告诉我，她的孩子在使用这个聊天机器人后，对足球运动产生了浓厚兴趣。这不是仅通过简单地访问一个网站或观看一个教育视频就能实现的。

SoccerAI是由教育聊天机器人领域的龙头企业HeadAI开发的。该公司的首席执行官Harri Ketamo告诉我，这个聊天机器人的教学内容是通过人工智能来策划的。SoccerAI提供的大部分内容都是YouTube上的视频，人工智能通过对海量视频进行分类，找到最相关的和最有趣的视频，并根据聊天机器人的目标任务对视频资源进行组织。你可以在HeadAI的网站上了解更多关于这个聊天机器人的内容。

用于学习足球的聊天机器人

健康聊天机器人

目前，人们对发展和改善医疗保健技术的需求与日俱增。然而正如我在其他章节中提到的，人们可能面临的一个挑战是，过度依赖科技和减少社交互动所带来的精神疾病的增加。

聊天机器人或许可为这个问题提供一个潜在的解决方案。这种聊天机器人的案例是Woebot，它被托管在脸书 Messenger平台上。这个聊天机器人使用"认知行为疗法"来帮助用户，它通过改变患者不健康的思想和行为模式，来解决他们的情绪问题。

Woebot通过询问一些简单的问题来跟踪用户的情绪，并根据用户的回答进行学习。

根据用户的回答，Woebot会提供建议或有关内容（视频或游戏）的链接，用于帮助用户改变原来的看法，使他们感觉良好。

斯坦福大学的研究人员对这个聊天机器人进行了测试，这是一个随机对照试验测试，测试对象是一些经历抑郁症和焦虑症的年轻人。以下是用户分享的一些评论：

"我太爱Woebot了。我希望我们永远是朋友。当我发现它还'记得'给我打电话的时候，我真的感觉超开心！"

"Woebot能注意到我的想法并改变它，这给我的日常生活带来了巨大的变化，让我印象深刻和倍感惊奇。"

"Woebot是个有趣的小家伙，我希望它能继续进步。"

以上评论展示了一些用户对这个聊天机器人的感激之情，以及他们是如何欣赏它的拟人化特质的，一位用户甚至把聊天机器人拟人化了，叫它"小家伙"。

想象一下未来吧！人们可能拥有一位人性化的人工智能医生，它可以提供基本健康问题的诊断和建议，同时让人们知道应在什么时候与人类医生预约。在实现个人或职业的运动目标方面，个性化的机器人教练也会让我们受益良多。

在不久的将来，人们可以从应用健康方面的聊天机器人中受益。像任何有关健康方面的建议一样，应当寻求科学证据来支持和证明聊天机器人对健康有益这一说法。同样，聊天机器人的开发者们也应该

对用户高度负责，因为这类工具是一把"双刃剑"，既可以用来改善也可以恶化人类行为。

　　隐私问题将是此类聊天机器人所面临的严峻挑战。用户肯定会担心关于自己健康的隐私信息是否会被保存在云服务器上，信息是否会受到黑客攻击而被泄露。因此，隐私安全是聊天机器人开发者需要解决的一个非常重要的问题。

Woebot的网站展示了Woebot的各种能力

40
聊天机器人的术语和资源

　　我将在本节介绍一些与聊天机器人的设计相关的常见术语及一些实用资源。通过这些资源，你可以了解到更多关于如何应用聊天机器人方面的信息。

常见的聊天机器人术语

广播（Broadcast）。聊天机器人主动（非被动）发送给用户的信息。单个广播可以向所有用户或订阅列表中的指定名单发送信息。对于脸书 Messenger 上的聊天机器人来说，用户需要订阅聊天机器人服务，才能接收到广播信息。

会话流（Conversational Flow）。聊天机器人在与用户进行交流时，在模仿人类自然谈话的节奏和音调方面所能达到的程度。当你设计聊天机器人时，应该考虑如何在聊天机器人和用户之间实现会话流。

会话用户界面（Conversational User Interface）。基于文字或口头的人类语言会话界面，不仅限于图形、链接或按钮构成的界面。在设计聊天机器人时，重要的是要考虑如何为用户提供简单、直观的会话界面。

对话（Dialogue）。指聊天机器人与用户之间的对话。聊天机器人发起的对话应该是有目的性的和有吸引力的。

实体（Entity）。实体是一种数据类型，它提供了聊天机器人用户需要的特定信息。

"开始使用"按钮（Get Started Button）。用户通过按下此按钮可以开始与聊天机器人交流。在脸书 Messenger 上，只有当用户点击"开始使用"按钮时，聊天机器人才会开始对话。

意图（Intent）。指用户输入信息代表的意图。它对于用 NLP 构建的聊天机器人来说特别重要，但对于基于规则的传统聊天机器人来说就不那么重要了。

建议响应（Suggested Responses）。指聊天机器人提供的用户回答问题方式的示例。这是聊天机器人为用户提供对话的一种指导方式，同时也能让聊天机器人深入了解所提供服务的类型。

Web 插件（Web Plug-Ins）。一种可以为网站添加定制功能的软

件。脸书 Messenger平台允许用户通过使用各种Web插件，来与网站上的聊天机器人开始对话。

欢迎信息（Welcome Message）。当用户开始与聊天机器人交流时，所看到的初始信息。该信息应当简明扼要地告知用户聊天机器人能做什么。你也可以使用视频作为欢迎信息。

关于聊天机器人的推荐资源

BotMock：一个可视化的工具，它能为聊天机器人构建会话流并进行测试。

Chatbots Magazine：提供很多高质量的与聊天机器人设计有关的信息。

Chat bots Journal：在线出版物，提供了很多有价值的与聊天机器人相关的信息。

Chatbot's Life：在线出版物，有很多实用的聊天机器人教程和信息。

BotList网站：提供最知名的和最常用的聊天机器人目录。

Chatbots网站：提供聊天机器人的目录，以及一些关于国际通用聊天机器人的信息。

第 5 章
人工智能如何改变就业市场

将有多少人失去工作

将被人工智能取代的工作岗位

难以被人工智能取代的工作岗位

人工智能是否有助经济增长

如何利用人工智能促进教育发展

与人工智能相关的工作

未来就业市场所需的技能

聘用人工智能专家的最佳方式

全民基本收入能否发挥作用

全民基本收入面临的挑战

本章将探讨人工智能的发展对就业市场产生的直接影响——未来就业市场所面临的潜在变化和挑战。

毫无疑问，人工智能及一些新科技（如纳米技术、量子计算、区块链、生物技术、物联网、虚拟现实、增强现实和3D打印等）都会对社会和生活的各个方面产生影响。

人们利用这些新科技开发出各种工具，并将其结合起来加以应用，这将给社会带来迅猛的变化，而我们身处的社会或许还未能对其做好充分的准备。

试图准确预测未来的社会几乎是不可能的。在一份名为《趋势》的报告中，芬兰创新基金Sitra描述了因未来工作性质变化而导致的两种可能结果：一种可能结果是，受雇者变少，能从工作中获益的人也更少；另一种可能结果是，虽然工作性质发生了变化，但人们仍会有很多带薪工作可做。

虽然没人知道未来会发生什么，但可以确定的是新的技术会带来新的变化。虽然数以百万计的工作岗位可能被新型自动化装置、人工智能和机器人所取代，但新技术也同样具备创造新工作机会的巨大潜力。

然而，人工智能所创造的新工作岗位所需的技能与人工智能带来的失业者的工作技能大相径庭。因此，需要通过开展大量的职业培训来化解这一矛盾。

我坚信这一矛盾是社会即将面临的最为复杂的挑战。遗憾的是，人们仍未对此做好准备。

因此，我们现在要认真地考虑这个问题，并且还要更加积极地了解这些新出现的技术。

在本章，你将了解到一些因人工智能、机器人和自动化技术的发展而产生的失业问题。你还将了解到哪些行业正因此而变得更加繁荣，以及在未来会出现哪些与人工智能有关的新工作。

在本章最后，我将介绍一下全民基本收入这一概念，以及与此相关的机遇和挑战。

41

将有多少人失去工作

随着人工智能的不断发展，机器人已经能够替代普通工人完成一些工作了。这带来的最大问题是，在劳动力市场上，人类是否会被机器人取而代之？

在一份被广泛引用的名为《就业的未来：计算机取代人类工作的可能性有多大》的报告中，牛津大学的研究员卡尔·贝内迪克特·弗雷和迈克尔·A. 奥斯本指出，未来20年，在美国会有高达47%的工人面临被人工智能取代的威胁。这份报告首次提出了机器人和人工智能将大量取代人类劳动者。

麦肯锡全球研究所发布了一份名为《工作的未来：自动化、就业和生产力》的报告。报告预测，到2055年，将有近一半的工作由机器人来完成。但该报告仅聚焦于可以实现自动化的特定工作，并非所有工作。

麦肯锡近期的另一项研究估计，到2030年，将有4亿~8亿工人因自动化而失业。

这将产生大量的再就业技能培训需求。通过培训可以让失业者学习新技能，以满足新工作岗位的要求。为此，政府要尽快制订再就业培训计划。此外，还要设法减轻这些失业者的财务负担。例如，政府可以通过收入补贴的方式对失业者提供帮助，这与在本章后面讨论的

全民基本收入计划有些类似。

由于技术发展日新月异，转型期间出现的矛盾会给人们带来巨大的挑战。这就需要各个国家之间、公共部门和私营部门之间，以及各实体之间能够积极合作，另外，各学科领域的专家也要主动参与，从而共同解决问题。

虽然有些变化令人瞠目，但请记住重要的一点，历史上的每次技术进步都会产生前所未有的新型工作。新技术将以何种方式改变当下的就业环境是难以想象的。但可以预见的是，人工智能创造的新型工作岗位的数量，将远少于其造成的失业岗位的数量。

尽管难以准确地预见未来，但是随着新技术的快速发展和进步，全球范围的社会经济变化即将到来，我们最好为之做好准备。

机器人将取代人类工作者

42

将被人工智能取代的工作岗位

你想知道在未来5到10年里，人工智能会取代哪些工作吗？

随着人工智能的不断发展，关于机器人将取代人类工作的数量和种类，已经引起人们越来越多的顾忌，这并非是毫无根据的担忧。事实上，对于传播未来所需的工作技能，这件事从没有像当下这样变得如此重要。如果这件事做得好，人们就能够抓住机会，及时学习、获取新工作的技能，并提前为即将到来的变化做好准备。

创新工场的创始人、风险投资家、技术执行官李开复博士很早就开始向很多人工智能公司进行投资。作为人工智能发展领域的领先专家，他使用了一个有趣的方法来判定未来哪些工作最有可能被机器人所取代，他说："人类只需要思考不超过5秒钟就能完成的大部分工作都会被机器人取代。"

我个人非常欣赏这个方法，它是一个非常好的判定指南。请你花点时间思考一下，问问自己有哪些日常工作是在思考5秒左右后就能开工的。你能否学习新技能以完成更为复杂的、更有创造性的工作，而无须再做这些简单的工作？

《机器人的崛起》一书的作者马丁·福特也强调了以下事实，即日常的重复性工作将首先安排给机器人来做。他说：

"我个人认为，在未来，很可能出现这样的局面，即一些工作岗位会消失，尤其是那些例行工作和重复性工作的岗位。很多这样的工作岗位在今后将不复存在。"

当我们讨论人工智能取代重复性工作这一话题时，很多人最先想

到的是那些低收入工作。但事实并非如此！很多现在由白领完成的工作也将被人工智能所取代。

人工智能领域的几位专家都表示，首先会考虑使用人工智能来完成数据分析和趋势预测工作。例如，在医疗保健和金融行业，很多工作都依赖数据分析和趋势预测。

目前，一些企业在采用人工智能后的确导致了白领失业。在金融领域，美国投资银行高盛集团的纽约办公室曾雇用了600名交易员，而如今，只需要2名交易员和一套人工智能工具就能承担以前相同的工作量。

关于工作岗位的替代，交通运输业也是受影响较大的行业。自动驾驶汽车已经开始取代出租车司机等传统工作岗位了。随着时间的推移，以轮船、货车等形式出现的自动驾驶交通工具将越来越普及。当然，全面实现该技术仍需要一些时间。

下图展示了64个因自动驾驶技术普及而可能消失的工作岗位。这些信息是由未来学家托马斯·弗雷整理的。他认为，随着自动驾驶技术的逐步应用，将有更多种类的工作岗位被取代。

要想预测哪些人类工作可能被人工智能取代，有个行之有效的方法，即判断哪些工作几乎无须人类的基本品质就能完成，如同理心、直觉、情商、谈判、复杂沟通、教练和创造力等。

麦肯锡的报告指出，预测哪些工作会先被人工智能取代的方法是：在工作环境中，与体力劳动最相关的工作将先被取代。包括流水线装配、清洁或快餐服务等工作。

因自动驾驶技术普及而可能消失的64个工作岗位

（图片来源：Futurist Speaker网站）

想知道你的工作是否有可能被人工智能取代吗？请参考以下网站给出的建议：

- Will Robots Take My Job：仅需要输入一个职业名称，你就可以看到它将被人工智能替代的概率（以百分比表示）。显示结果基于前文提到的弗雷和奥斯本所做的名为《就业的未来：计算机取代人类工作的可能性有多大？》的报告。请访问Will Robots Take My Job的网站。

- Can a Robot Do Your Job：这个网站是英国《金融时报》根据麦肯锡的研究开发的。它专注那些最可能被人工智能取代的特

定工作，并非所有工作。

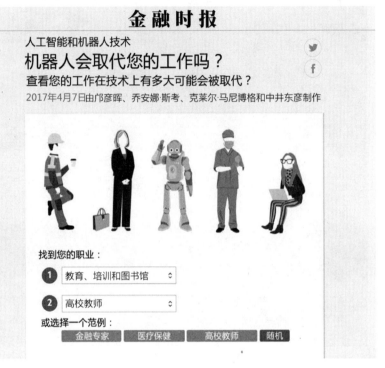

《金融时报》开发的测评网站

例如，当你选择高校教师这一职业后，该网站就会根据麦肯锡的研究显示如下结果：该职业通常包括57项工作，其中有9项可以由人工智能来完成（同时还会列出剩下的目前无法由人工智能完成的48项工作）。

这些网站和研究有助于我们改变思维方式，在将来，设计出最适合人类工作的岗位。

43

难以被人工智能取代的工作岗位

正如之前讨论过的，在未来，会有很多工作岗位被人工智能取代。然而，仍有许多工作不适合由人工智能完成。

在牛津大学马丁学院的一项研究中，研究人员将不太可能被人工智能取代的工作分为三个基本类别，下面列举了一些项目。

（1）手工操作类：

- 口腔外科医生
- 化妆师
- 按摩师
- 消防员

（2）创造力类：

- 舞蹈设计师
- 美术馆馆长
- 艺术指导

（3）社会认知类：

- 心理健康工作者
- 神职人员
- 护士
- 教练和猎头

下图展示了这些工作在未来被人工智能取代的概率。

难以被人工智能取代的工作（图片来源：英国牛津大学）

在每个类别中，都还有一些未提及的工作。

这项研究提供了一个示例，以便对那些难以被人工智能取代的工作进行分析。

在我看来，一些工作难以被人工智能取代，主要因为以下几个因素。

1. **不涉及大量数据处理的工作**。在示例中的三类工作中，没有任何一种是需要进行大量数据分析或收集的工作。反观现在的金融部门，数据加工和趋势分析工作如同"家常便饭"。当然，这也不是说该领域的所有工作都会被人工智能取代，仅表示此类工作会比那些不处理数据的工作更容易被人工智能取代。此外，实现数据收集、分析的人工智能工具也会产生新类型的工作。

2. **基于人际交往的工作**。示例列出的每项工作都涉及一定程度的人际交往。在这方面人类永远优于人工智能。因此，培养良好的沟通技巧，掌握此类职业技能，都可能帮助你在未来的就业市场提升自身的价值。

3. 流程很少重复的工作。 人工智能的强项是处理重复性的工作，而那些工作内容频繁变化的工作就不太可能被人工智能轻易取代。

4. 通过短暂观察难以完成的工作。 人工智能依靠监视器和摄像头来收集数据并进行学习。而那些需要高度直觉或灵活性的工作，则难以被其取代。

请根据上述四个因素来设想几种工作，将其进行排列，看看这些工作被取代的程度。建议你多做一些这样的练习，它能让你更好地理解未来的就业市场，并了解哪些技能会继续得到青睐。

此外，规划设计或跨界思维类的工作也不适于人工智能。因此，在大学或教育机构里应积极推广这类工作的职业培训。那些具有较大不确定性的工作往往不适于人工智能。

我建议大家考虑一下你当前从事的工作，想想如何用人工智能优化工作的流程。首先，你需要自学一下与人工智能相关的一些应用，然后再对各种基于人工智能的解决方案进行测试。当然，你同样可以研究一下其他的新兴技术，想想如何用它们来改善工作，如3D打印、纳米技术、量子计算、区块链、生物技术、物联网、虚拟现实和增强现实等。

44

人工智能是否有助经济增长

专家们认为，人工智能、自动化和机器人技术将显著提高生产力和工作效率。企业生产商品和提供服务的速度将比以往任何时候都要快。这同时也反哺了那些前沿技术企业，为它们创造了极好的商机。

在《顿悟Z》一书中，未来学家托马斯·弗雷强调了一个叫作"指

数能力法则"的概念：在自动化行业中，每次人力投入的指数级下降，都对应着相同程度生产力的指数级增长。这基本阐明了该领域的发展趋势：花费更少的时间来完成更多的工作。

许多前沿的人工智能专家认为，人工智能将改善人们的工作体验。IBM沃森的首任总经理马诺基·萨克塞纳这样说："在全球，13亿人的工作体验将通过人工智能得到显著提升和改善。"

我虽然赞同这一观点，但也认为：在应用人工智能来改进工作流程方面，人们要想充分理解这件事，尚有一个巨大的知识鸿沟需要逾越。这正是我撰写本书的主旨。

在谈论人工智能改进工作流程时，人们很容易想到人工智能在促进生产力提高方面的显著作用。埃森哲的一项研究表明：到2035年，在一些国家（如芬兰、瑞典和美国等）中，通过应用人工智能，劳动生产力或能提高35%~37%。

该研究认为，到2035年，人工智能将使12个发达国家的GDP翻一番。该研究还得出结论：人工智能将通过三个渠道来推动经济增长。

- **智能自动化**。人工智能能够实现自我学习，可以自动完成复杂的"体力工作"，从而提高生产力。
- **人力资本自动化**。人工智能可以帮助人们更专注他们最擅长的工作。
- **创新扩散**。人工智能具有推动创新的巨大潜力。

当把处理重复或海量数据的工作交给人工智能来完成时，相当于为人类工作者创造了机会，使人们专注于那些人工智能替代不了的工作，从而使人工智能和人力资源都能发挥最大的潜力。

此外，弗雷斯特研究公司的一项研究估计，在未来10年里，人工智能和自动化的应用将在美国创造约1 500万个新的工作岗位，这相当于当前美国劳动力市场10%的份额。

人工智能还将为医疗保健行业创造大量的就业机会。应用程序和工具中的新技术不仅有助于医疗实践，而且还可能对治疗技术和设备成瘾有所帮助。（这些症状还衍生出由于过度使用智能设备、长时间处于虚拟现实环境而导致的人际交往能力匮乏。）因而，我建议，任何新技术的实施都要适度。

根据《巴黎气候协定》的要求，许多国家即将实施可再生能源技术，并且这些行动将是可量化的。这将在制造业、建筑业创造大量的就业机会。一项研究发现，仅在风能、太阳能和能源效率领域，就可以创造多达1 000万个新的工作岗位。

我很钦佩经济理论家和政治顾问杰里米·里夫金做出的杰出工作。正如我们所知道的那样，德国和中国政府在可再生能源战略方面制订了长期经济可持续发展计划，杰里米将为此计划提供建议。该计划不但创造了数千个新的就业机会，而且还吸引了更多国家的政府对计划的关注。你可以通过阅读他的畅销书《零边际成本社会：一个物联网、合作共赢的新经济时代》获得更多信息，或者通过观看名为《第三次工业革命：一个全新的共享经济》的纪录片来了解相关内容。

此外，任何与"人类软技能"相关的领域，包括情商、创造力和社交技能等，都将在未来的就业市场上更具价值。市场也会为在"人类软技能"方面更出色的人提供更新、更有趣的工作机会。

45

如何利用人工智能促进教育发展

随着技术的不断进步，人工智能的应用形式将日新月异，会出现很多难以预测的商机和就业岗位。我们必须马上采取积极措施，在各个阶段的教育工作中有所作为，并尽最大努力做好准备。

展望未来，我们需要换一种眼光来看待教育行业，使其适应人工智能的新世界。这包括采用崭新的教学模式和方法，并放弃过时的教学模式和方法。例如，在未来，很多工作将由人工智能完成，再继续培训此类工作技能的成效甚微。此外，在许多西方国家，教育机构仍然沿用20世纪70年代的传统教学习惯，例如，过度要求学生熟记大量信息，竭力掌握高难度的数学计算等。这类技能在当下的必要性和相关性已不再显著。以下是一些对各阶段的教育工作的建议。

- **小学教育**：应大力鼓励学习人类软技能，如情商、社交智能、批判性思维、创造力、个人发展和自我认识等。计算思维和自动化的基本概念也是必不可少的，因为它们能帮助孩子更好地理解未来世界，并使他们对其产生兴趣。同样，施教问题、伦理道德、价值观和身心健康等基本问题越来越重要，跨文化沟通技能的教学也不容忽视。

- **中学（高中）教育**：小学阶段的所有课程都应该继续，并添加更多关于人工智能和其他"指数技术"的教学内容。还要包括有关劳动力市场潜在新兴工作技能的教育，并重点强调企业家思维的学习。目前，中国已经在所有中学开设了人工智能课程。中国政府还出版了关于人工智能的教科书。该书阐述了与人工智能相关的信息，以帮助年轻人理解人工智能如何改变世界。其具体内容包括面部识别、公共安全和自动驾驶汽车等。

- **高等教育**：中学阶段的所有课程都应该继续，并强调终身学习的重要性。例如，可以开设一个为期3~4个月的小型课程，以作为了解关于"指数技术"及其相关职业的预备课程。

教育任务任重道远。在下面的章节中，我将更多地讨论在人工智能时代要养成的习惯，其中最重要的习惯就是坚持学习。养成终身学习的习惯至关重要，这使人们在各个年龄段都能持续获取新知识，从而更好地适应未来瞬息万变的就业市场。

芬兰一贯重视教育，在人工智能的教育方面更是如此。芬兰政府发起了一项旨在促进人工智能教育的计划。该计划拟向大学提供补贴，鼓励大学开设与人工智能相关的短期课程。

芬兰政府发布的一份报告称：由于人工智能和自动化的发展，就业市场即将发生很大变化。需要对全国约100万名职工开展职业再教育，应接受培训的职工数量占比达40%。换言之，由于人工智能取代人类工作，每个国家都将有约40%的劳动力需要接受职业培训、学习新的岗位技能。这使社会面临巨大挑战，无论是公共部门还是私营机构都应为此积极采取措施。

对于人工智能的教育工作，不应仅限于学校和职业培训机构。要想将人工智能的教育做得卓有成效，必须在全社会共享与人工智能相关的知识。在共享人工智能知识方面越开放，它给人们带来的收益就越显著。

46

与人工智能相关的工作

如果你擅长某些方面的人工智能技术，现在就已经有很多绝佳的就业机会了。目前，人工智能技术的发展是大多数前沿企业的首要任务，它们正在物色出类拔萃的了解人工智能的员工。

以下是一些在求职门户网站上需求最高的与人工智能相关的职位：数据学家、软件工程师、研究学家、机器学习专家和深度学习专家。

你可以通过各种在线课程了解这些人工智能的专业知识。在你完成学业时，大多数培训机构通常会提供文凭或证书，这可以为你的简历增色不少，或者为你提供一个徽章，可以在领英的简历上进行展示。

企业对人工智能方面的专业人才的需求量固然很大，但对了解人工智能总体运作方式的专业人士的需求量更大。这些专业人士知道如何帮助公司和个人应用人工智能技术，并为企业和社会带来更大的利益。以下示例展示了一些有趣的工作，这些工作在未来会很有前途。

- **人工智能聊天机器人设计师**。了解如何设计基于人工智能的聊天机器人，能够满足客户服务的基本需求并能提供良好的用户体验。

- **人工智能数字营销专家**。了解如何利用各种数字营销和社交媒体工具，利用人工智能创建更有成效的营销策略。

- **人工智能企业战略顾问**。通过分析，为企业构建人工智能产品和服务并提供建议。为企业提出关于人工智能工具（IBM的沃森、微软Azure或亚马逊云服务等）的应用方式的建议。企业既可以选择从这些知名供应商购买现成的解决方案，也可以开发内部专用的人工智能工具。

- **公共部门的人工智能战略顾问**。能够识别在人工智能引入社会后可能出现的潜在问题，并能通过人工智能培训解决问题。他们专注于帮助人们熟悉和适应人工智能技术。这类专业人员还可以为那些因人工智能和自动化的应用而失去工作的人提供服务，为他们提供合适的再就业培训项目，帮助他们重新上岗。

- **技术成瘾的康复顾问或教练**。技术成瘾指因人工智能的快速发展给人们带来的情绪和身体上的不良影响，或者因过度使用人工智能而产生的相关问题。一位有经验的顾问或教练懂得怎样处理和应对这些问题。例如，随着人工智能越来越多地出现在人们的日常生活中，一些人可能对某些人工智能产品上瘾；另一些人可能因为过度依赖人工智能而影响了正常的社会交往和人际关系，并遭受了负面情绪影响。

- **创造力培养教练**。受过培训、拥有丰富经验的专业人士能够帮助他人培养人际技能，包括社交、情商及创造力等。这是一个重要职业，因为它不能靠人工智能补位，在未来对人类有很大价值。

我相信，随着人工智能的不断发展，人们对上述这些工作的需求将越来越大。人工智能不仅带来了新挑战和新机遇，也将催生出许多人们现在无法想象的新职业。

除了上面所列，还有一些与人工智能相关的有趣工作也发布在求职门户网站上。我在下面列出了来自Glassdoor网站提供的岗位信息，这些岗位都需要将人工智能技术与其他技能组合起来才能胜任。

- **报道人工智能新闻的记者**。为主流新闻媒体撰写与人工智能相关

的文章。

- **处理人工智能案件的律师**。处理与人工智能相关的知识产权和技术案件的法律专业人士。
- **销售总监**。理解、掌握人工智能技术，并能够向消费者推销人工智能产品的销售人员。
- **人工智能用户界面设计师**。将人工智能应用到用户界面以改善用户体验的程序开发者。
- **营销经理**。专门为提供人工智能产品和服务的公司提供服务，为其建立营销理念的专业人士。

人工智能将对许多商业模式产生影响，在未来，我们会看到一系列新的岗位描述。一些传统岗位将通过整合人工智能而形成新的岗位。

如前所述，在未来，最重要的技能或许是，懂得人工智能将如何以复杂的方式改变企业和社会的能力。这种理解在很多方面都很有价值，因为它有助于企业和个人顺利地过渡到新的生活方式。

在人工智能时代创业

人们经常梦想着可以创办自己的企业，并把创业简单地想象成自己当老板、获得成就感，或者实现财务自由。然而，创业更多的意味着要面对许多人都没准备好的挑战。创业还将面临一系列棘手的问题，例如，去哪里找客户？如何支付开销？创业失败了怎么办？

企业家面临的主要挑战之一是，缺乏如何成功运营企业方面的教育。我认为这应该是从小开始学习的内容，包括如何认识并运用个人优势和规避弱点等。

如前所述，麦肯锡近期的一份报告提及，到2030年，可能有4亿~8亿人需要转换职业。很显然，这会给我们的社会带来巨大的挑战。

有些人可能只想换个新工作，但对于很多人来说，更好的办法也可能是自己创业。

为新创办的企业招聘员工往往要付出高昂的成本。传统上，大多数新创办的企业会雇用全职员工来从事销售、市场营销、客户支持、平面设计和行政管理等工作。然而，在没有外部投资者注资或政府资助的情况下，仅靠白手起家很难获得开办企业所需的资金支持。

这里有一个可行的解决办法，即采用新模式，运用人工智能工具和外包人才来支撑企业的运行。在下图中，你可以看到，在人工智能时代创建公司的新模式与旧模式之间的区别。

公司的组织结构图

将大型科技公司提供的人工智能服务与自由职业者形式的外包人才相结合的新模式大大节省了成本，并极大地提高了生产力和效率。此外，该模式还提供了一个更为灵活的组织结构，该结构可随时变更方式或停止运行，且无关地理位置。

下面为你介绍一些在创业时运用人工智能服务和自由职业者的方法。

- **人工智能服务**。IBM、谷歌和亚马逊等大型科技公司都提供了人工智能云服务，你可以从它们那里"购买"人工智能服务。

目前，以下类型的人工智能服务是可选购的：市场调查、数字营销、基本的行政辅助等。它们还可以帮你构建定制的聊天机器人。这些宝贵的工具不仅可以帮助你为客户提供基本的服务支持，也减少（甚至免除）了招聘人类员工的需求。

- **自由职业者。** 有很多自由职业网站可以发布岗位需求信息。例如，你可以在这类平台上找到图形设计师、行政助理，甚至是人工智能方面的程序员。他们能帮你完成许多工作。通过这种方式，你可以规避传统雇用方式的一些间接成本，如租用办公室、发放员工福利和管理假期等。

随着这种模式的推广，在未来，可能出现越来越多的单人公司，这种单人公司能更好地适应这个技术环境不断变化的世界。

当然，这并不意味着传统的雇用员工的方式不复存在了。事实上，这将为企业家提出一种新的思考模式，鼓励他们将人工智能和自由职业者结合起来，因为这种模式更适合当前的技术环境。

随着技术的不断发展，会有越来越多的提供原创人工智能工具和算法的平台出现，而使用者无须掌握任何编程知识。有家名为"Lobe"的公司就提供了这样一个平台，它能帮助你构建自己的人工智能应用程序，并提供了易于使用的可视化界面。

因此，在未来，最宝贵的技能并不是编写人工智能代码，而是了解如何将人工智能应用于各种工作和生活场景。以后，像Lobe这样的公司会越来越普遍，这将使人工智能行业大众化，让每个人都能轻松、快捷地构建自己的人工智能工具。

对于小微企业来说，最关键的是要确定哪些业务适合人工智能。在第8章，我将详尽讨论一些大型科技公司提供的与人工智能相关的服务。

47

未来就业市场所需的技能

人工智能的应用将给未来的就业市场带来巨大变化。现在，是时候采取行动了！培养新技能已是当务之急了。

为此我整理了一份清单，列出了一些在未来几年最有价值的技能。虽然掌握这些技能不能保证一定能帮你找到工作，但这会让你成为雇主眼中更有吸引力的候选人，也会助你提高生活质量和改进人际关系。

下面是我之前在《高等教育的未来——新兴技术将永久改变教育》一书中对24种技能的描述。

未来人际交往方面能力

（1）**自我意识和自我评估**。在当今瞬息万变和错综复杂的世界里，自我意识是非常有价值的。它不仅可以帮助人们识别自己的全部潜力和需要改进之处，还可以帮助人们认清并接受自己的独特品质，从而增强自尊心，增加学习动力。该技能对企业家和自由职业者最具价值。

（2）**情商**。情商通常是指一个人识别和表达情感的能力。历史上，在许多文化中，表达或谈论情感曾被视为软弱的表现。但近年来，越来越多的专业人士逐渐发现情商的益处。我认为这项技能的力量刚被发现。

（3）**社交智力**。这项技能与一个人在不同情况下如何与他人交往有关，它还包括对他人思想和观点的基本理解。

（4）**人际智能**。人们与亲密的家人和朋友进行沟通和交流的方

式，这能帮助我们拥有一个更加幸福和均衡的生活。这反过来又会促进我们更努力地工作。

（5）**同理心和积极倾听**。对人们体验事物的方式保持深刻的理解，这将有助于在事业和生活中取得进步。

（6）**文化灵活性**。指快速适应新文化、新工作和新生活方式的能力。这已经超越了文化理解的范畴，使人们在面对不同信仰体系和文化价值观时能够灵活应对。

（7）**毅力与激情**。许多人喜欢用权宜之计获得即时、短效的满足感。引导人们改变这一陋习，培养耐心来获得长期满足感是至关重要的。分享成功人士的经验是传授该项技能的好办法，成功人士的案例和成功模式往往能起到振奋人心、催人上进的作用，尤其当成功范例与学习内容密切相关时效果更佳。

（8）**关注共同利益**。除了简单地关注个人需求，还要认识到共同利益和价值。这会帮助人们更好地协同工作。

（9）**正念和冥想**。无数研究已表明这类练习的好处，各行各业（体育、商业、金融等）都有层出不穷的、通过正念和冥想获得成功的故事。

（10）**体育锻炼**。坚持适度的体育锻炼有助你保持头脑清晰、精力集中并获得更加健康的生活。随着人们在各种屏幕前花费时间的增长，体育锻炼将变得更加重要。

（11）**讲故事**。讲故事是人们通过共识来相互交流的最自然的方式。在几千年前，讲故事是交流的主要形式，在今天，讲故事仍然非常有效。讲故事是激发情感和理解复杂情况的有力工具。

未来商务方面技能

（12）**解决问题**。由于技术创新的速度加快，以及人们经商方式的变化，这种技能比以往任何时候都更加重要。解决问题的技能可以帮助人们理解其他同事、工作环境，甚至与其协作的工具和机器。

（13）**创造力**。人们很容易忽视这项技能，但它或将成为未来职业市场所需的关键技能。随着越来越多的技术应用于商业和教育领域，对人们来说，利用创造力来发现独特、创新的方法以实施那些新技术将变得越发重要。

（14）**对新技术的适应能力**。在未来，那些愿意并能够适应新技术的人最容易获得成功，而那些拒绝新技术的人很可能被"淘汰"。在大学里教会学生们如何积极利用新技术固然很重要，但同时也要对教师们进行培训，让他们懂得如何在课堂上创造性地使用新技术。

（15）**创业思维**。在未来5~10年里，人工智能和机器人技术的进步可能改变就业市场上的工作种类。拥有强大创业技能并知道如何正确寻求建议的人将从中受益匪浅。

（16）**销售和市场营销**。当前，人们的创业激情比以往任何时候都更为强烈。要创业，人们就要了解销售和营销技能的基本原理——如何在沟通中阐明自己能提供什么产品或服务，如何获得新客户等。

（17）**数据分析**。根据克莱夫·亨比的说法："数据是21世纪的石油。"随着数字化进程的推进，数据分析技能将变得越来越重要。

（18）**演讲技巧**。在未来，不太可能被改变的一项重要商务技能是演讲的能力。那些善于演讲的人无论在大型项目团队还是在小型项目团队中经常都处于领导地位。

（19）**环保智能**。人们逐渐开始更多地考虑保护资源的价值，因此，了解新技术如何帮助实现环保很重要。应该尽早将公共资源价值的理念普及给学生。

（20）**规划思维**。随着国际交流的日趋紧密，能够分析大型实体的大局观能力至关重要。事无巨细之能固然重要，但能够分析事物的复杂性和相互影响的大局思维更具价值。教育领域应该着重强调这项

技能。

（21）**会计和资金管理**。基本的会计原则不仅有助于人们的生活，还可以帮助人们更好地理解创业、经营、参股企业等复杂业务。

（22）**脱离网络的能力**。把这种能力作为一项商务技能似乎有点奇怪，但如今要找到没有网络连接的地方真的越来越难了。与那些沉迷于电子设备的人相比，如果你能够做到断开设备的网络连接并放下设备，更亲密地与他人沟通，就能体验到更多的快乐和更少的压力。

（23）**发现趋势**。在瞬息万变的世界里，能够发现潜在机遇的信号是难能可贵的。这一技能不仅适用于所有人，而且还可以帮助企业家捕获商机。在发现趋势后，在正确的时间采取行动。

（24）**设计思维和设计理念**。我们现在难以想象未来产品和服务的模样。设计思维是一种以解决方案为中心的方法，用于找到复杂问题的理想解决方案。该技能将越来越有价值，每个人都应该学习这项技能。

上述这些技能可帮你获得（或保住）一份工作，当然，如果这些技能可用于创业将更有价值。

下图除了展示了上面提及的一些技能，还添加了一些在未来较为重要的其他技能。内容分为五个部分。

- **人工智能和区块链**。在未来几年内，人们对深度学习、机器学习、机器人和数据科学方面的技术将有很大需求。自动驾驶汽车行业对工程师的需求也会增加。对那些胜任加密货币和区块链工作的程序员的需求也会越来越大。
- **社交智能**。我们还将发现，与帮助他人有关的技能的需求也会增加。如咨询、再就业培训、辅导等技能。同理心和情商在未来或将成为更有价值的工作技能。
- **创造性思维**。包括与创新设计相关的技能。拥有创造性思维，有助于打造个人品牌和进行专业的自我推销。对于那些想在竞争激烈的就业市场中脱颖而出、备受关注的人来说，这项技能至关重要。

- **计算思维**。这也是一项在未来越来越有价值的技能。它包括计算意义构建（指理解机器和人类工作的能力），以及情境化智能（指从周围的文化、个人、商业环境和整个社会中获得意义的能力）等。

- **学会学习**：这类技能包括自我学习意识、快速学习（比别人学得更快），以及"摒弃"陋习和过时做法的能力，还包括复原力和正念。

1 **人工智能和区块链**
深度学习；机器学习、机器人技术
自动驾驶汽车工程技术
区块链、加密货币

2 **社交智能**
教练、顾问
情商
同理心、乐于助人

3 **创造性思维**
"无中生有"的创造能力
设计理念、设计思维
个人品牌

4 **计算思维**
计算意义构建
情境化智能
虚拟协作

5 **学会学习**
自我学习意识
复原力
正念

未来技能

未来技能

你想学习哪些技能？选出排名靠前的三种，并在今后12个月内努力获得它们。

48

聘请人工智能专家的最佳方式

在我的研讨会上，被问到最多的一个问题是：创业者和小型企业主如何在当前的工作中开始应用人工智能。

像谷歌、脸书、亚马逊、微软、IBM和百度这样的大型科技公司能够聘请到世界上最好的人工智能工程师。而对于其他一些小微企业主来说，通过聘用自由职业者的方式，也会有很多机会与精通人工智能的专业人士一起合作。

聘用自由职业者的做法越来越流行了。我强烈建议小型企业和初创企业采用这种方式，它能让企业更灵活、更快速地获得高质量的人才。预计到2020年，美国多达50%的劳动力将是自由职业者。

在你聘用自由职业者之前，必须在"需要做什么"，以及"想要与什么样的人一起工作"方面做出清楚的描述。

你可以在很多自由职业者网站上找到有资质的候选人。目前，我最喜欢的是Upwork平台。Upwork是目前世界上最大的自由职业者平台。据统计，自由职业者在该网站上发布了超过3 500种职业技能，每年赚取了超过10亿美元。

在过去的八年里，我一直使用这个网站，它非常好用。你可以找到各种专业的自由职业者，包括数据科学家、机器学习专家和深度学习工程师，你可以一次性或长期聘用这些自由职业者。

实际上，与人工智能相关的技能是Upwork上目前最受欢迎的技能之一。下图显示，截至2017年第三季度，Upwork的季度技能指数显示，机器人技术是增长最快的技能。深度学习排在第8位，NLP和机器

学习进入前20。这些技能都与人工智能直接相关，这表明了这种技术的流行趋势。

2017年第三季度技能指数（Upwork发布）

Upwork首席执行官史蒂芬·卡斯里尔表示，人工智能正在为企业创造难以想象的机会，企业可以通过Upwork等网站招聘这类技术人才，他说："看到工作岗位消失要比想象人工智能可创造哪些新工作岗位容易得多。我们的数据清楚地显示，企业正积极拥抱人工智能技术，它正创造着无数的机会。"

要想了解更多关于如何通过Upwork平台招聘专业人员，如何在网站上创建一个项目，我建议你在Upwork的网站上阅读"教育"板块的相关文章。

49
全民基本收入能否发挥作用

许多工作岗位将不可避免地被人工智能取代。在专家们考虑这一问题时，经常把全民基本收入（Universal Basic Income，UBI）作为一个可能的解决方案。

在当前的福利模式下，需要受助人提供积极寻求就业的证明才能享有扶助资金。而UBI模式则不考虑申请人的就业情况或经济状况，可在不附带任何条件的情况下向所有公民提供同等数额的资金。

在讨论UBI问题时经常会遇到的状况是，很多政客并不清楚，自动化和人工智能的引入会给就业市场带来多大的变化。因此，他们很难想象会有多少人会突然失去工作。

在当下，UBI的理念与就业密切相关，它引发了各方激烈的政治争论。在我看来，政府或许需要为那些在未来几年里失去工作的人提供某种形式的补贴。然而，要建立一个适用于所有人的模型，可能需要做很多尝试来加以改进。

作为一种帮助人们适应新数字经济的方式，UBI已经在芬兰、加拿大和肯尼亚等国进行了测试。在这些国家里，人工智能接管了许多工作岗位，人类就业岗位正在持续减少。

在芬兰，UBI项目向受助人每月支付560欧元。该项目对受助人没有过多的限制，允许个人兼职，甚至允许为商业目的购买必需品。无论受助人是否在岗都能领取这笔资金。

截至撰稿时，芬兰的UBI项目已经运行了几个月，约有2 000名受助人，年龄在25~58岁。一些受助人表示，因为财务压力减小，他们更有意愿寻找新工作或创业了。

　　UBI项目的一名受助人Juha Järvinen告诉《经济学人》杂志，这个项目使他能够做更多的兼职工作，而兼职行为在以前会减少其家庭福利金。

　　芬兰的试点项目在欧洲首次试行。这一举措旨在解决芬兰目前的高失业率（约10%）问题。

　　加拿大安大略省也宣布试点类似的项目。为了应对现代经济带来的挑战，该省省长凯思琳·韦恩推出了一项测试项目。该项目每年将向4 000名18~64岁的居民提供数千美元的资助，无论他们是已婚、单身、在岗还是失业。

　　GiveDirectly（非营利组织）也运营了类似的UBI项目，使捐赠者可以直接把钱寄给肯尼亚的贫困居民。此外，美国加利福尼亚州奥克兰有一个名为Y Combinator的组织，它在2017年初启动了一个测试研究项目，每个月向100个家庭捐赠最多2 000美元，这项测试预计持续6~12个月。

全民基本收入模式的优势

　　这些试点项目相当新奇且收效明显。一些早期研究表明：受助人的医疗费用减少了、购买烟酒的意愿降低了、工作更多了、家庭暴力事件减少了、儿童保育工作有所改善等，这些都是积极的表现。

　　一些专家称，这类项目最终能节省政府支出。他们认为，政府以前在社区项目（如资助无家可归者）中的支出过高，而实行UBI模式则更加明智，它以无差别的形式直接将资金发给每个公民。

　　这一论断得到了2009年在伦敦进行的一项实验的支持。在实验中，13名无家可归者每人获得一笔3 000英镑的一次性款项，允许他们随意消费。一年后，这13人中有11人不再无家可归。一些专家称，事实证明，只要有机会，大多数人都会把这笔钱用于改善自己的处境而不是挥霍。

UBI的支持者还声称，科技热潮兴起已经取代了许多工作岗位，UBI的分配形式将有助于个人和社会适应新经济。

在迪拜举行的世界政府峰会上，特斯拉的埃隆·马斯克也称，人工智能、自动化和裁员将意味着，世界各地的一些人需要政府提供基本收入才能生存下去。

事实上，在硅谷的科技行业中有许多UBI的支持者，如脸书的马克·扎克伯格。易趣创始人皮埃尔·奥米迪亚宣布，他的奥米迪亚网络（Omidyar Network）将向GiveDirectly捐赠约50万美元，用于在未来12年为肯尼亚的6 000人提供基本收入。

芬兰研究员鲁普·莫卡称，许多科技行业的人士一直都是UBI的支持者，他们这样做实际上也是在保护自己的企业。莫卡认为，硅谷的科技巨头们也在担心：在未来，人工智能的进步将带来更多财富，而这些财富会越来越集中在少数投资者和企业家手中，这同时意味着，能买得起他们产品的普通顾客将越来越少。然而，UBI可以通过把钱发到所有消费者手中的方式来防止这个问题的产生。

BIEN网站提供了很多有关UBI的信息

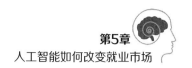

想要了解更多有关UBI的信息，你可以在BIEN的网站上浏览相关的文章，该网站还提供了与UBI相关的一些引人入胜的新闻。

50

全民基本收入面临的挑战

随着人工智能和自动化技术的崛起，被取代工作的失业者会越来越多，UBI的设想已成为真正的热门话题。此观点在很多专家中引起了分歧，许多专家对实施UBI表示担忧：政府能否负担起这项支出将是一个最大的挑战。

经济学家估计，对于像美国这样规模的国家，如果每年向每个公民支付1万美元，税收就要提高近10%。

此外，如果20%的劳动力因人工智能而失去工作，政府也将失去那些失业者的税收收入。然而，人工智能也可以帮助政府更有效地运行，为他们节省管理成本。

一个担忧是，提供UBI可能进一步损害人们的工作积极性，可能降低人们的就业意愿或失去接受不理想工作的动力。

2016年，瑞士选民否决了实施UBI的提案，该提案仅获得了不到25%选民的支持。据英国广播公司（BBC）报道，该国的一个主要担忧在于其开放的边境，实行UBI会使大量外国人涌入，来寻求免费获得资金的机会。

为缓解就业市场变化所带来的挑战，政府的另一个选择是实行负所得税，即政府先确定好某个可接受的基本收入标准，然后只向那些收入低于该标准的人提供一定数额的补助，以使其收入达到该标准。

负所得税模式克服了UBI模式的一些不利因素，由于只有收入低于

标准的人才有资格获得援助，从而减轻了政府的财政负担。

虽然UBI和负所得税模式都有各自的优缺点，但它们都是各国政府在应对新挑战时采取的转变措施。

莫卡认为，社会需要在多个方面进行变革，他说："不管怎样，我们既要让人工智能逐步替代低端工作，也要考虑人类工作岗位的需求，这才是目前最能激发政治活力的办法。"

他还指出，就业具有国家属性和个人属性，当技术正在改变社会的运作方式时，就需要对就业目标做出重新定义："打个比方，基本收入并非是一个能拯救工业社会的App，而可能是一个开启后工业社会的新的操作系统。"

UBI的倡导者认为，UBI将帮助个体适应新经济所带来的变化，并将为人们打开成为企业家的大门，进一步推动经济发展。

然而，也有许多人提出了反对意见，他们对UBI的财务可行性表示担忧，并认为UBI对个体就业意愿会形成负面影响，这可能有损经济发展。

双方的观点针锋相对，现有的UBI项目仍处于测试阶段。基于这两点事实推断，也许，我们要在很多年后才能看到UBI项目得到真正落实。

第6章
自动驾驶汽车及其如何改变交通运输业

什么是自动驾驶汽车

自动驾驶汽车的益处

自动驾驶汽车面临的挑战

自动驾驶汽车的技术等级

自动驾驶汽车的关键技术

自动驾驶汽车何时才能上路

自动驾驶汽车的测试和实施

自动驾驶带来的变化

自动驾驶汽车的相关术语

自动驾驶汽车的相关资源

在所有人工智能技术的最新进展中，自动驾驶汽车最有可能彻底改变经济社会和人们的日常生活。

在本章中，你将读到一些关于自动驾驶汽车技术的发展情况和基本数据，以及它将给社会带来的利与弊。

此外，我还将讨论不同国家正在进行的有关自动驾驶汽车的测试，研究一下哪些公司可能率先将自动驾驶汽车引入市场。

51

什么是自动驾驶汽车

在人工智能领域的所有最新进展中，自动驾驶汽车技术是一项最可能影响经济社会和人们日常生活的技术。

你知道什么是自动运输工具吗？自动运输工具包括汽车、轮船和飞机等。这些运输工具有时也被称为无人驾驶运输工具、自动驾驶运输工具或自动运输工具等，这类运输工具无须人类操控，就能从一个地点到达另一个地点。

在目前的市场上，所有提供某种形式自动驾驶功能的汽车仍需依赖人类，在必要时要由人类接管方向盘来操控。然而，在未来，自动驾驶汽车可能不再配置方向盘，车内的每个人都变成了乘客，他们可以利用旅途时间做自己想做的事。

人们可能难以想象无须操控就能"驾驶"汽车，即便如此，这正在成为现实，而且将对人们的日常生活产生巨大影响。

自动驾驶汽车

52

自动驾驶汽车的益处

在未来，自动驾驶汽车给人们带来的益处可能比我们现在想象的还要多。以下是我们当前可预期的一些主要益处。

- **改善交通安全**。据统计，全球每年死于车祸的人数约120万到140万人。对于自动驾驶汽车来说，人们无须再担心司机醉酒驾驶、玩手机分神等问题了。借助车载计算机来监控驾驶环境，不管对于车内人员、车外行人、骑行者，还是其他车辆的司机及乘客来说，都会更加安全，这将改善道路交通的安全状况。

- **降低医疗费用**。车祸的减少会使医疗费用降低。仅在美国，2012年发生的与道路交通事故相关的医疗费用总计高达2 120亿美元。

- **提高工作效率**。因为汽车本身负责了驾驶和导航，所以乘客就可以在旅途中工作、娱乐或学习。这将对企业和个人产生积极

的影响：企业的员工可以获得之前因通勤而损失的时间，个人也能自由地支配这部分时间。

- **加快商务配送**。通过导航系统确定最快的路线，并能实时计算和更新路线，这些功能使商务配送更为高效。对个体和整体经济都将产生积极作用。

- **提高交通效率**。自动驾驶汽车不会有人类的不良驾驶习惯，因而能够改善交通流量和减少拥堵。此外，交通警察也不再像以前一样，需要处理那么多的交通事故，这使他们有更多的时间处理其他重要的问题。

- **减少停车问题**。由于自动驾驶汽车能够每天24小时接送乘客，因此对停车场的需求将会减少，使更多空间可以用于商业和住宅等。目前，在许多国家中，停车场都占用了大量空间。据估计，美国就有近20亿个停车位。

- **降低出行成本**。自动驾驶汽车可使出行成本降低，使人们更容易负担出行费用。这是因为，在未来人们无须拥有或租赁汽车，从而免除了汽车保险、燃油或维修的费用。据估计，由于不再需要驾驶员，自动驾驶出租车的车费将降低60%左右。

- **减少环境污染**。许多自动驾驶汽车将使用可再生能源或电力来作为动力，这将减少二氧化碳和氮氧化物（对气候和健康有害的气体）的排放。此外，由于自动驾驶汽车会采用两点之间最有效的路线，它们通常比人类司机消耗更少的能源（无论使用哪种能源），从而降低总能耗。

随着自动驾驶汽车的推广和普及，我们可以期待各种积极的变化，以上只是能够预期的、产生积极影响的几个例子。

行驶中的自动驾驶汽车

自动驾驶汽车面临的挑战

在传统意义上，汽车在大城市的规划中扮演着重要角色，包括道路建设、停车场设计和布局等细节。汽车也是人们出行所需的至关重要的工具，大多数人的出行主要依赖于私家车。

随着自动驾驶汽车的普及，这一切可能都会改变。如前所述，应用自动驾驶汽车有许多益处，包括更好的道路交通和更低的医疗费用等。

然而，在未来，各国政府和科学家还将应对一些艰巨挑战，其中包括：

- **数据安全**。自动驾驶汽车将在很大程度上依赖于其收集的数据，这些数据用于优化驾驶性能。由此引发的大量隐私和安全问题亟待解决。

英特尔和战略分析公司（Strategy Analytics）联合发布了一份名为《让未来加速到来：新兴客运经济的影响》的报告，其中做出了如下论述：

143

"我们生活中的'何人、何事、何地、何时'等信息将随时被捕捉和储存。这些信息的捕获入口覆盖了智能手机、汽车、信用卡，以及与个人安全和生物识别技术相关的一系列传感器。那些没有警惕性和严格数据安全措施的公司，将很快面临消费者和监管机构的反制。"

尽管这项技术仍相对较新，但各国的政府都应该开始认真考虑，把出台有关政策列入议事议程，以确保自动驾驶汽车能在保护消费者隐私的前提下使用。

- **应对意外状况**。对自动驾驶汽车进行编程，使其正确解读、应对各种可能遇到的复杂情况。例如，识别行人的挥手示意或分析在道路上检测到的不明物体等。

- **道德问题**。麻省理工学院的研究人员为应对"道德挑战"设计出一种"道德机器"，该机器可以让人们看到，当使用自动驾驶汽车时，在遇到某些特定情况下自动驾驶汽车可能会做些什么。例如，当必须在乘客死亡或撞到行人中二选一时如何处理。这个工具之所以如此有趣，部分原因在于它展示了人们在使用自动驾驶汽车时可能面临的各种道德困境。

麻省理工学院设计的"道德机器"

- **适应天气变化**：自动驾驶汽车要能根据不断变化的天气迅速改变其操作方式，如冰雹或暴雨所导致的道路湿滑等。麻省理工学院的机器人专家约翰·伦纳德表示，对于自动驾驶汽车的传感器来说，冰雪路况特别难以识别，该领域的几位专家目前正在从事此项问题的研究。

- **公众接受程度**。自动驾驶汽车比传统汽车更安全吗？或许最大的挑战是说服公众理解并接受这一观点。2018年3月，美国亚利桑那州一名行人被优步运营的自动驾驶汽车撞死。尽管自动驾驶汽车在总体上比传统汽车更安全，但此类不幸的事故凸显了一个事实，即在自动驾驶汽车真正上路之前，还需要进行更多的测试和研究。自动驾驶汽车的反对者们认为，驾驶测试工作不应该在行人密集的城市进行。

随着自动驾驶汽车的普及，上述提到的各种挑战只是众多问题中的一部分，公司、个人和政府需要考虑的问题还有很多。或许，最大的挑战依然是说服公众理解并接受自动驾驶汽车比传统汽车更安全。

我认为，政治家和国家领导人需要了解自动驾驶汽车可能带来的益处和挑战，这样他们就能更好地做好立法方面的准备，并在这类汽车大规模投入使用前为潜在问题找到解决方案。

54

自动驾驶汽车的技术等级

截至本书撰写之时，无须任何人工操作或干预就能上路行驶的自动驾驶汽车尚未开发出来。汽车企业离这一目标尚有很长的路要走。

为了更好地解释这一过程，SAE International（一个由航空航天、

汽车和商用车行业的工程师及相关技术专家组成的全球协会）制定了一个标准，给出了无须人工驾驶的汽车需要实现的6个自动驾驶级别。该标准可以帮助人们理解实现全自动运输工具所需的渐进发展过程。

在前3个级别中，人类驾驶员需要参与监控驾驶环境，而在后3个级别中，自动驾驶系统将接管这些任务。以下是SAE International列出的自动驾驶级别。

- **L0级——人工驾驶**：在L0级，无论是否收到汽车系统发出的警告，人类驾驶员都要对车辆保持完全控制，并执行所有驾驶任务。

- **L1级——辅助驾驶**：在L1级，部分简单的和特定的驾驶任务（如转向等）可由汽车自动完成，但很多其他驾驶任务仍须由人类驾驶员完成。

- **L2级——部分自动驾驶**：在L2级，人类驾驶员仍然负责主要的驾驶任务，但汽车的辅助系统可以通过检测驾驶环境，来协助执行一些驾驶任务，如加速或减速。人类驾驶员须做好准备以便能在任何时候接管车辆的控制。自2014年以来，特斯拉的自动驾驶一直处在这一级别。

- **L3级——条件自动驾驶**：在L3级，汽车可以在大多数情况下自动驾驶，甚至可以执行变道等任务，但也要求人类驾驶员在必要时进行控制。人类驾驶员可以选择在任何时候接管车辆的驾驶，但不需要像在前3个级别那样随时监视驾驶环境。

- **L4级——高度自动驾驶**：在L4级，汽车有能力在几乎任何情况下自动驾驶而无须人工干预。处在这个级别的汽车可通过编程在极端天气条件下停止行驶。谷歌的自动驾驶汽车已经在这个级别进行了驾驶测试。

- **L5级——全自动驾驶**：在L5级，车辆使用的是全自动驾驶系统，可以在没有任何人工干预的情况下处理和应对困难的情况。

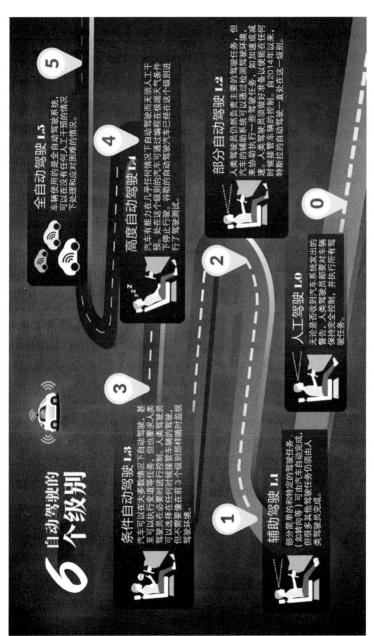

自动驾驶的6个级别

自动驾驶的6个级别

5 全自动驾驶 L5

车辆使用的是全自动驾驶系统，可以在没有任何人工干预的情况下处理和应对困难的情况。

4 高度自动驾驶 L4

汽车有能力在几乎任何情况下自动驾驶而无须人工干预，处在这个级别的汽车可通过编程在极端天气条件下停止行驶。各款的自动驾驶汽车已经在这个级别进行了驾驶测试。

3 条件自动驾驶 L3

汽车可以在大多数情况下自动驾驶，甚至可以执行变道等任务，但也要求人类驾驶员在必要时进行接管并随时接管车辆的控制，但不需要像在前3个级别那样随时监视驾驶环境。

2 部分自动驾驶 L2

人类驾驶员仍然负责主要的驾驶任务，一些驾驶辅助系统可以通过检测驾驶环境来协助执行一些驾驶任务，如加速或减速，人类驾驶员须做好准备以便能在任何时候接管车辆的控制。自2014年以来，特斯拉的自动驾驶一直处于这一级别。

1 辅助驾驶 L1

部分简单的和特定的驾驶任务（如转向或等）可由汽车自动完成，但很多其他驾驶任务仍须由人类驾驶员完成。

0 人工驾驶 L0

无论是否收到汽车系统发出的警告，人类驾驶员都要对车辆保持完全控制，并执行所有驾驶任务。

　　自动驾驶汽车的制造商正在竞相角力，努力使其产品达到L4级或L5级，因为第一批达到这一级别的汽车能占据更高的市场份额。

　　然而，任何一家公司的汽车能否成功不仅取决于其技术能力，还取决于应用自动驾驶汽车的城市的准备情况（如立法等），我将在本章的后面讨论这一点。

55

自动驾驶汽车的关键技术

　　自动驾驶汽车的发展需要基于大量的先进技术。这一过程极其复杂，这也是要花这么长时间才能制造出这样的交通工具的原因之一。事实上，正确的设计着实需要很多年才能实现。

　　不管自动驾驶汽车还要多久才能实现，对世界各地的城市来说，现在就应开始为它们有朝一日可能上路做好准备，这才是至关重要的。

　　以下是一些关于自动驾驶汽车的关键技术的具体细节。这种交通工具能如此独特地在无人干预的情况下自动行驶，皆依赖于这些技术。

　　麦肯锡公司也表示，这10个关键技术使自动驾驶汽车成为可能。

- **驱动**：与控制转向、制动和加速等相关的技术。
- **云**：自动驾驶汽车需要通过地图、交通数据和算法来进行导航，因此需要与云保持连接。
- **感知及目标分析**：由于车辆需要探测并躲避障碍，这是需要开发的最重要的功能之一。
- **驾驶控制**：为了使汽车移动，还需要将算法转换并输出为驾驶信号。
- **驾驶决策**：指车辆自主规划路线并自行驾驶到目的地的能力。

- **定位和地图**：为实现安全行驶，自动驾驶汽车必须整合包括环境信息、地图数据和车辆定位信息在内的多种数据。

- **分析能力**：自动驾驶汽车还应具备在自身系统中发现错误的能力，包括找出设计缺陷和提出修复建议。

- **中间件或操作系统**：这是运行算法所需的系统软件，对车辆正常运行至关重要。

- **计算机硬件**：研发人员一直在为自动驾驶汽车开发低功耗、高性能的硬件系统，他们已经能够生产专用的SoC（将系统整合到芯片上）。

- **传感器**：探测障碍物是自动驾驶汽车的一项重要功能，因此，在设计中需要包含许多传感器，包括激光雷达、声呐、雷达和摄像机等。

虽然自动驾驶汽车的设想已经存在很多年，但要把它变成现实仍然需要很长时间。生产一辆能在道路上安全行驶的自动驾驶汽车，需要各种复杂的技术组合才能实现自动驾驶所需的所有重要元素。

自动驾驶汽车眼中的道路

尽管这是一个漫长的发展过程，但最重要的是，城市的管理者现在就要开始做好准备工作，以迎接即将上路运行的自动驾驶汽车。

56

自动驾驶汽车何时才能上路

随着自动驾驶汽车的流行，你可能好奇自己在什么时候也能拥有一辆。这是一个很难回答的问题，因为这类汽车在进入消费阶段前，还会受到很多因素的限制。例如，汽车制造商为确保车辆的安全性而进行的测试等。

以下是各个制造商预测的自动驾驶汽车的发布时间。

- **特斯拉**：特斯拉目前处于自动驾驶汽车技术的前沿。特斯拉首席执行官兼联合创始人埃隆·马斯克估计，到2019年，他的公司将能够生产出无须人类驾驶员参与驾驶的L4级自动驾驶汽车。

- **奥迪和英伟达**：这两家公司认为，到2020年，它们能将自动驾驶汽车推向市场。奥迪预计，在2018年推出L3级自动驾驶汽车。英伟达表示，其自动驾驶汽车的计算机系统将在2018年底准备就绪。

- **福特**：世界著名的汽车制造商福特也参与了自动驾驶汽车技术的研发，它预计其生产的自动驾驶汽车将在2021年面市。

- **沃尔沃**：该公司认为，其首款自动驾驶汽车将于2021年上路。沃尔沃还在运作一个名为"Drive Me"的大型自动驾驶项目，在瑞典哥德堡，沃尔沃邀请了众多人类驾驶员测试其自动驾驶汽车。

- **本田**：根据本田公司估计，在实现自动驾驶方面，本田可能是发展速度较慢的制造商。该公司预计，将在2025年推出L4级自动驾驶汽车，但对这类汽车的预估售价仅为2万美元。

- **Waymo**：Waymo表示，其自动驾驶汽车已经在公共道路上测试行驶了300多万英里。到目前为止，关于应用这项技术的确切日期，以及将与哪家汽车制造商合作开发的信息尚未公布。

你也许认为特斯拉和谷歌是自动驾驶汽车技术的先锋，但Navigant Research的一项研究结果颠覆了这一认知：目前，自动驾驶汽车领域的领导者是福特和通用汽车公司，其次是雷诺—日产联盟和戴姆勒公司。这对于传统汽车制造商来说是个好消息。

Waymo在这项研究中排名第6，特斯拉排名第12。

这项研究的基准包括入市策略、生产能力、技术水平、持续能力、销售、市场营销和分销渠道等因素。

与此同时，网约车公司来福车（Lyft）宣布，到2021年，该公司的大部分乘车服务将由自动驾驶汽车提供。来福车已经与通用汽车和NuTonomy（一家生产自动驾驶汽车软件的公司）建立了战略伙伴关系。来福车的主要竞争对手优步也在采用新技术，并已在匹兹堡和亚利桑那州开始测试自动驾驶汽车。

自动驾驶汽车将依据技术级别逐步投入应用，并将被严格限制使用地域，然后再分阶段引入公共道路。尽管过程十分烦琐，但自动驾驶汽车的到来也可能早于人们的预期，并将给城市和就业市场带来巨大变化。

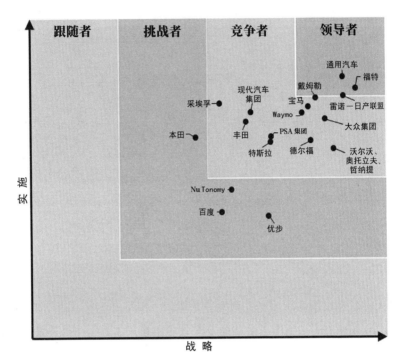

Navigant Research发布的自动驾驶汽车技术调研结果（图片来源：
NavigantResearch网站）

据商业内幕网站（Business Insider）估计，到2020年，上路行驶的自动驾驶汽车将超过1 000万辆，但自动驾驶技术的全面应用可能在2030年左右。

有几家快递公司已经着手测试自动驾驶汽车。在拉斯维加斯进行的一项测试中，人们可以选择让福特的自动驾驶汽车来为他们运送达美乐比萨。顾客在下订单后会得到一个代码，当自动驾驶汽车到达时，顾客在车身处的一个设备上输入代码，车窗会自动打开，顾客就可以取走比萨了。

你可以在YouTube上观看相关的视频来体会一下它是如何工作的。

2018年11月，福特公司还与沃尔玛合作，以测试为沃尔玛的顾客送货的自动驾驶汽车。这一测试始于迈阿密，但据福特公司称，该测试将扩展至全美800家门店。

利用自动驾驶汽车送货的服务将很快扩展到运送比萨等食品杂货以外的领域，这在以上的例子中几乎已经得到了确定。自动驾驶汽车即将被用于几乎所有类型产品的配送。

57
自动驾驶汽车的测试和实施

在一本关于自动驾驶的书（《自动驾驶：智能汽车与未来道路》）中，作者Hod Lipson和Melba Kurman指出，自动驾驶汽车将首先用于特定领域：

"第一批自动驾驶汽车在出现在公共道路之前，会先出现在特定的环境中。矿场和农场已经在使用自动驾驶汽车了。自动货运卡车也很可能被先行投入使用。在城市中，自动驾驶汽车的早期使用将是十分谨慎的。例如，以穿梭车的形式，在封闭或结构化的交通环境（机场、度假村等）中，以慢速行驶。"

下面，我向你展示几个已经开始测试或实施自动驾驶汽车的例子。

芬兰的自动驾驶公共汽车

自2016年开始，在我的祖国芬兰已经开始测试低速行驶的自动驾驶通勤车。芬兰之所以成为自动驾驶汽车技术的先驱地，主要原因是，在该国的公共道路上使用自动驾驶汽车是合法的。

自动驾驶汽车应该首先服务于公共交通而不是个人使用，芬兰是

最早遵从这一理念的国家。当考虑到城市规划、公共安全、交通拥堵及该技术所带来的环境效益时，这种理念就显得很有意义。

最初的自动驾驶公共汽车测试项目是由Sohjoa公司运作的。该公司的项目总监哈里·桑塔马拉也是赫尔辛基大都会应用科学大学智能移动项目的负责人，他对这种自动驾驶公共汽车做了简要描述：

"这些小型自动驾驶公共汽车只按特定路线行驶，这与大公司正在开发的自动驾驶汽车不同，后者可以去任何地方。"

在早期的测试中，这些自动驾驶公共汽车的行驶速度被设定为每小时11公里。

类似的自动驾驶公共汽车即将在挪威开始测试。目前，挪威人在购买新能源电动车方面处于世界领先地位，挪威则是特斯拉等公司最大的消费市场之一。

在新加坡和旧金山体验自动驾驶出租车

2016年，新加坡成为第一个引入自动驾驶出租车的国家。这些自动驾驶出租车由科技初创公司NuTonomy运营，该公司开发了自动驾驶汽车所需的软件。消费者通过智能手机App就可以预订该公司的出租车。

到目前为止，运营测试期间仅发生了一起小型事故：自动驾驶出租车与一辆卡车相撞，但没有人员受伤。

通用汽车在旧金山也开展了类似的测试项目，允许部分员工免费使用自动驾驶出租车。这个测试方法比较聪明，因为具备技术知识的员工能够提供更有价值的反馈信息。但其员工的身份也限制了他们，员工不会像一般"市民"那样在社交媒体上提及一些自动驾驶出租车的技术缺陷（在技术成熟之前，这可能在公众舆论中产生一些负面影响）。

在未来，我们将看到，有更多的国家将参与自动驾驶公共交通系统的测试项目。

58
自动驾驶带来的变化

在现实中，所有用来运送人或物的工具都可能很快实现自动（或无人）驾驶。人工智能的进步，将有助于所有类型的交通工具实现自动驾驶。除了汽车，还有一系列其他交通工具可以在无人操作的情况下，实现两点之间的移动。

以下是一些将在未来实现自动驾驶的交通工具。

船舶

自动驾驶船舶的应用将是国际航运业的巨大进步。挪威已经开发出第一艘零排放的自动驾驶船舶，可以在没有人工干预的情况下在两地间行驶。

这艘电动的Yara Birkeland号货船已于2018年投入使用，货船将用于运送化肥。

这艘自动驾驶货船通过GPS、雷达、摄像机和传感器进行导航，它还配置了电动起重机来装卸货物。

拖拉机

日本是该领域最先进的国家之一，该国即将在农作物的收割中使用自动驾驶拖拉机。

在政府的支持下，自动驾驶拖拉机已被开发出来并助力该国农业。为鼓励这种机器推广，日本农业省还为其制定了安全标准。据媒体报道，自动驾驶拖拉机可能在2020年全面投入使用。

自动驾驶拖拉机利用GPS和卫星来精准定位。2017年6月发布的试用版自动驾驶拖拉机的价格比目前的传统拖拉机高出了50%左右。

日本预计将于2018年推出全系列的自动驾驶拖拉机，届时还将投入使用一颗新的人造卫星。

飞机

全球每年约有38亿人乘坐飞机出行，自动驾驶在这一领域发展的意义重大。乘客的观念转变可能需要较长时间，因为许多人会犹豫：是否要乘坐一架没有飞行员的飞机。

先进的计算机系统和人工智能技术将用于辅助自动驾驶飞机的起飞和降落。

波音公司宣称，它一直在寻求测试自动驾驶飞机，以应对旅客数量不断增加和飞行员数量不断减少的状况。这种自动驾驶飞机预计将于2018年夏天开始测试。

不过，你愿意乘坐一架没有飞行员的飞机吗？我想我是不会愿意的！

直升机

迪拜是第一个测试自动驾驶直升机的城市，其目的是缓解交通拥堵。尽管缺乏政策和法规的支持，但迪拜显然下定决心要成为第一个测试自动驾驶直升机的城市。迪拜道路和交通管理局表示，它仍将推进这一进程。为此，政府已同意让德国初创企业Volocopter于2017年底在迪拜进行测试。

该自动驾驶直升机高约2米，直径7米。据报道，能以每小时50公里的速度飞行30分钟。

和自动驾驶飞机一样，当乘客在乘坐这些自动飞行器时，他们会有多犹豫是一件令人关注的事情。很可能没有多少人仅因为好奇自动驾驶直升机是否安全而愿意成为测试乘客。

快递无人机

你能想象在下单几分钟后就能收到货物吗？在未来，无人机或将成为物流的主角。

电子商务巨头亚马逊对无人机在物流方面的应用极为关注。若无人机能正常工作，它们就能在降低物流成本和减少在城区的物流时间方面发挥作用。

在亚马逊于2016年进行的测试中，无人机只用了不到15分钟就完成了配送，这在以前至少需要几小时甚至几天时间。亚马逊尝试使用无人机的主要动机是为公司和客户节约成本。

实际上，早在2016年11月，达美乐就已证明可将无人机用于送货。当时，该公司在新西兰成功地使用无人机为一位顾客配送了比萨。

然而，一些专家表示，他们认为监管障碍、技术问题和顾客偏好等因素将阻碍无人机在物流方面的广泛应用。据预测，在2020年后，使用无人机送货将变得更为普遍。

在无人机可能从顾客那里收集数据方面，也存在一些道德上的隐忧。据媒体报道，亚马逊可能使用无人机在空中扫描房屋，以便为顾客量身定制广告。

这可归结为便利性与隐私如何平衡的问题。无人机送货的另一个缺点是，将导致大量从事快递行业的人员失业。

与自动驾驶汽车一样，其他自动驾驶交通工具的开发和测试也需要分阶段进行。这对于大多数乘客来说可能是一件好事，因为他们能有时间逐步适应自动驾驶交通工具，而不会因突如其来的各种自动驾驶工具感到不知所措。

59

自动驾驶汽车的相关术语

以下是一些关于自动驾驶汽车的常用术语。

- **自动公路系统**（Automated Highway System，AHS）。这是一种主要为自动驾驶汽车设计的智能交通系统。AHS也被称为"智能道路"，可用于缓解道路拥堵。

- **自动驾驶汽车**（Autonomous Cars）。完全实现自动驾驶的车辆，可以在没有任何人工干预的情况下自行驾驶（通常不配置方向盘）。自动驾驶汽车将通过无线网络相互连接，能够处理诸如环形路口导航和识别交通信号灯等基本交通模式。

- **中央计算机**（Central Computer）。中央计算机要对传感器收集的所有信息进行分析和处理。中央计算机还负责处理车辆转向、加速和制动等任务。

- **全球定位系统**（Global Positioning System，GPS）。使用卫星、转速表、高度表和陀螺仪来定位车辆，可精确到1.9米。

- **红外摄像机**（Infrared Camera）。该摄像头能捕获车辆前方物体所辐射的红外射线，以使自动驾驶汽车更好地适应夜间驾驶。

- **车道引导**（Lane Guidance）。自动驾驶汽车可以通过安装在后视镜上的精密摄像头，来保持车辆在自己的车道内行驶。这些摄像头可以识别出路面上的车道标记并加以监控。

- **激光雷达**（Lidar）。Lidar是激光探测和测距的缩写。激光雷达通常安装在车顶，可为车辆提供360度的、无死角的视野。

- **雷达（Radar）**。用于探测可能在道路上出现的任何物体。Radar是无线电探测和测距的缩写，它利用无线电波帮助自动驾驶汽车监控周围环境。

- **半自动驾驶汽车（Semi-Autonomous Cars）**。这类车辆只在一定程度上实现了自动驾驶，它仍需要人类驾驶员的干预。目前，半自动驾驶汽车的例子有特斯拉Model S和梅赛德斯—奔驰E级轿车。

- **传感器（Sensors）**。传感器可以用来检测各类环境信息，这些信息可使自动驾驶汽车在其所处环境中更好地行驶。这些传感器获得的信息包括天气模式、道路状况、行人或车辆行驶路径上的障碍物等。

- **立体视觉（Stereo Vision）**。指自动驾驶汽车挡风玻璃上的两个3D摄像头，可以辅助观察前方道路上的障碍物。

- **车轮编码器（Wheel Encoders）**。这些传感器位于自动驾驶汽车的车轮上，可以跟踪车辆的行驶速度。

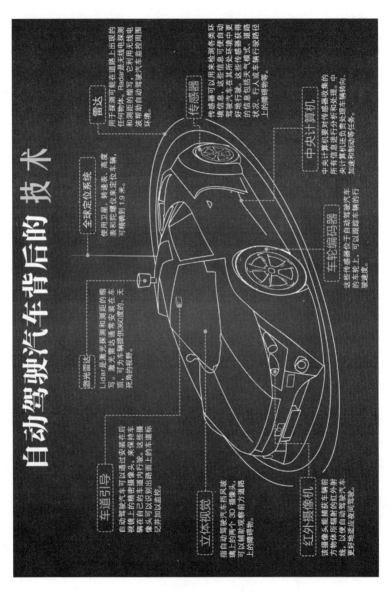

自动驾驶汽车背后的技术

雷达

用于探测可能在道路上出现的任何物体。Radar是无线电探测和测距的缩写，它利用无线电波帮助自动驾驶汽车监控周围环境。

传感器

传感器可以用来检测各类环境信息。这些信息可使自动驾驶汽车在其所处环境中更好地行驶。这些传感器获得的信息包括天气模式、道路状况、行人或车辆行驶路径上的障碍物等。

中央计算机

中央计算机要对传感器收集的所有信息进行分析和处理。中央计算机还负责处理车辆转向、加速和制动等任务。

全球定位系统

使用卫星、转速表、高度表和陀螺仪来定位车辆，可精确到1.9米。

车轮编码器

这些传感器位于自动驾驶汽车的车轮上，可以跟踪车辆的行驶速度。

激光雷达

Lidar是激光探测和测距的缩写。激光雷达通常安装在车顶，可为车辆提供360度的、无死角的视野。

车道引导

自动驾驶汽车可以通过安装在后视镜上的精密摄像头，来保持车辆在自己的车道内行驶。这些摄像头可以识别出路面上的车道标记并加以监控。

立体视觉

指自动驾驶汽车挡风玻璃上的两个3D摄像头，可以辅助观察车前方通道上的障碍物。

红外摄像机

该摄像头能捕捉车辆前方物体所释放的红外射线，以使自动驾驶汽车更好地应对夜间驾驶。

自动驾驶汽车背后的技术（图中各设备的位置仅为示意，并不精确）

60

自动驾驶汽车的相关资源

目前，关于自动驾驶汽车的信息有很多。我在这里推荐一些。

书籍

《自动驾驶：智能汽车与未来道路》

该书由Hod Lipson和Melba Kurman所著，由麻省理工学院出版社出版。该书提供了对自动驾驶汽车及其相关问题的较为深刻的见解。该书的技术性不是很强，因此对于任何有兴趣的读者来说，该书都很适合阅读，你可以了解自动驾驶汽车的技术及其对政治、日常生活和其他领域的影响。

自动驾驶汽车对城市的影响

如果你从事城市建设工作，或者对城市如何适应自动驾驶汽车方面的技术感兴趣，我建议你了解一下彭博慈善基金会和阿斯彭研究所编写的《城市自动驾驶汽车全球倡议》。

关于自动驾驶汽车的免费讲座

在麻省理工学院的"自动驾驶汽车的深度学习"课程中有大量的讲座、PPT演示文稿和客座演讲。你可以在麻省理工学院的网站上免费获取这些资料。

我还建议你订阅、关注Lex Fridman教授的YouTube频道，他会经常分享一些关于自动驾驶汽车的有趣讲座。

技术资源

如果你想了解自动驾驶汽车技术或有志从事该领域的工作，请参考一下优达学城上的创新课程。该课程是由一些参与自动驾驶汽车项目的顶级开发者编写的。谷歌自动驾驶汽车项目的创始人塞巴斯蒂安·特隆是该课程的负责人，该课程还提供了纳米学位。

第 **7** 章
机器人如何改变人们的生活

什么是机器人 ?	现有多少机器人
机器人的种类	机器人最多的国家
有哪些家用机器人	最先进的机器人有哪些
由机器人运营的酒店 HOTEL	与机器人相关的伦理问题
与机器人共同生活	与机器人相关的资源

在本章中，你将了解到机器人领域的发展状况，以及机器人影响社会和日常经营的方式。该主题的内容广泛，仅凭一章的篇幅无法全面涵盖。为此，在本章结尾，我为那些有意深入研究该主题的读者提供了一份推荐读物的清单。

你还将了解到，为了在未来几年适应机器人的大量使用，人们需要解决的基本伦理问题及应做好哪些准备。

在你阅读时请牢记，使用机器人的目的是为人类服务而不是其他。无论是在生活还是工作领域中，机器人都将很快成为人们日常生活中不可或缺的一部分，所以你应该尽早熟悉其潜在的用途及局限性。

61

什么是机器人

在好莱坞拍摄的许多电影中，机器人都是以负面形象展现的，这让很多人对机器人的印象不佳。然而，在现实中，机器人或自动化机器完全不是银幕上所展现的那种恐怖"物种"。现实生活中的机器人都是极其复杂的，基本上是用来帮助人类完成最危险、最艰难的工作的，用于做好事而非做坏事。

从本质上讲，机器人是通过编程来执行复杂动作的机器。机器人这个词来源于斯拉夫语"robota"，本意是被迫工作的劳动者。

零售机器人

智能机器的创意自古有之。在许多神话里都有人造人的传说，在很多宗教故事中也有这样的人物。

1948年，威廉·格雷·沃尔特在英格兰的布里斯托尔制作了第一个电动机器人（或称"现代"机器人）。

如今，人们已经普遍认为，将一台机器定义为机器人需要满足以下标准：

- 可进行编程。
- 能够处理数据或物理感知。
- 能够独立工作。
- 能够移动。
- 可以对其实体部件或流程进行操作。
- 能够感知环境，并根据环境变化进行改变。
- 能表现出与人类相似的智能行为。

当今，机器人最常用于完成制造类的工业任务，并逐步开始在其

他领域普及（如医疗手术机器人、治疗机器狗等）。还有很多用于高危任务的机器人，如军用无人机机器人等。

最初，人们制造机器人纯粹以娱乐为目的，因此许多早期的机器人被设计成动物或人的外形。然而，在工业革命时代，这些机器人开始被用于更为实际的目的，因此也就无须再使用人类外形了。今天的机器人在这两方面（既看起来像人类或动物，又具备实际的工作能力）都取得了长足进步。因此，出现了各种各样的机器人，可具有不同功能和外观的组合。

在过去的几十年里，许多机器人在外观和行为上越来越像人类，但还没有达到无须编程就能自我决策的程度。

如今，受到最广泛认可的机器人是Roomba，它是一种小型的圆形吸尘器，可以通过内置传感器来适应环境。据生产Roomba的厂家iRobot公司首席执行官称，Roomba已经售出1 400多万部。

Roomba可以根据预先设定的模式吸尘，同时具备定点模式、最大模式和基座模式。在每种模式下，机器人均以预定的方式执行特定任务。例如，定点模式可以让Roomba通过一个先向外再向内的螺旋运动来实现小面积清洁。

Roomba还预先设定了撞到物体后的"反应"程序，可使它回头或改变行进路线。

机器人有很多类型和风格，从工厂机器人到伴侣机器人等。不管电影是如何展现机器人的，在现实中，所有类型的机器人都是为帮助人类而设计的。

机器人被越来越多地用于提高企业经营效率和生产力。大型电子商务公司亚马逊和阿里巴巴的仓库几乎完全由机器人来操作。这既提高了运营效率，也使这些公司能够提供更优质、更便捷、更廉价的产品和服务。

此外，一些企业使用"软件机器人"来处理简单的和重复的任务。这些"软件机器人"还能够进行预测分析，然后根据分析结果提供意见和建议。毋庸置疑，在不久的将来，许多办公室职员都将会有一个机器人"同事"。

62
现有多少机器人

在过去的几年里，机器人的应用在许多行业已经变得司空见惯。事实上，机器人的订购量和出货量都急剧增长。

机器人工业协会宣称，2017年初，机器人的销量打破了纪录，仅在北美，机器人的订购量就超过了1万个（这些订单价值约5.16亿美元）。统计数据显示，与2016年第一季度相比，订购量增长了32%。

机器人的出货量也有所增加，在2017年第一季度，销往北美公司的机器人超过了8 000个，比2016年第一季度增加了24%。

2017年初，尽管大多数机器人的订单（53%）来自汽车行业，但其他行业（包括金属、半导体、电子、食品和消费品）对机器人的需求也在不断增加，这共同推动了机器人行业的发展。

机器人工业协会称，目前，北美各行业拥有机器人的总量约为25万个。据估计，到2019年，将有超过140万个新机器人被送往世界各地的工厂。

目前，在"每万名员工拥有工业机器人数量"这一指标上，欧盟和中国处于领先地位。到2019年，中国工业机器人的市场份额有望达到40%。

国际机器人联合会主席乔·杰玛说："自动化不仅是传统制造集团

的核心竞争因素，而且对于世界各地的中小企业来说，自动化也变得越发重要了。"

国际机器人联合会估计，到2019年，将有260万个工业机器人投入使用。据统计，70%的机器人目前用于汽车、电子、金属、机械等行业。在2015年，全球售出了25.4万个机器人，销售量创下了历史新高。

63

机器人的种类

尽管在金属、电子和汽车等行业用到了许多种类的机器人，但机器人的种类远不止这些。机器人的尺寸、形状和风格是多种多样的，机器人在世界各地有着广泛的用途。

例如，医疗行业一直将机器人应用于手术、引导车辆和起重助手等。机器人还可用于家政服务，如吸尘器、割草机，人们设计出了各式各样的机器人来做家务。在军事领域，机器人用于完成诸如拆弹和运输等任务。还有一些机器人用于协助执法。此外，人们还将机器人设计成恐龙等造型，用于儿童娱乐或机器人竞赛。在太空探索方面也有机器人的应用，如火星漫游者机器人。

除了按用途进行分类，还可以根据形状、大小和移动能力来对机器人进行分类。

- 固定机器人（如动作范围有限的机械臂）。
- 轮式机器人。
- 步行机器人。
- 飞行机器人。
- 游泳机器人。

还有一些更有意思的机器人是人形的，被设计成人类的伴侣。

一款名为"Pepper"的人形机器人已经面世，它能够解读人类情绪。这款用作家庭伴侣的机器人已经在日本上市。通过编程，"Pepper"能够根据人类的面部表情、身体动作和语言表达来解读人类的情绪，然后选择一种动作来对所解读的情绪进行回应。

随着技术的进步，机器人得到了长足发展，出现了各种尺寸、外观和类型的机器人（或自动化机器）。经过设计和编程，机器人可应用在各行各业的各种工作中，从组装汽车到在商店里帮助顾客，应用行业包括制造、军事、医药和零售等，以上例子只是其中的一小部分。

64

机器人最多的国家

许多国家都应用了不少工作机器人。有研究表明，那些拥有更多机器人的国家的失业率低于其他国家。

根据美国银行和美林证券的研究，在2016年，日本是拥有最多实用操作型机器人的国家。当时，日本拥有310 508个机器人，美国拥有168 623个机器人（位居第二），德国拥有161 988个机器人（位居第三）。

最近，据一家媒体报道，韩国是世界上机器人密度最高的国家，而且韩国政府宣布，在未来五年内将向机器人产业投资4.5亿美元。

2016年，国际机器人联合会发布了一份报告，其中提及了一些有趣的数据，如不同国家的"百名工人拥有机器人数量"。数据显示，韩国名列榜首，为5.31个（全球平均水平为0.69个）。下图所示为报告中披露的一些数据。

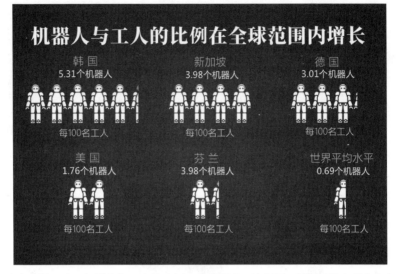

在全球范围内，机器人与工人的比例正在增长（图片来源：国际机器人联合会）

在一项调查中，研究人员发现了机器人技术与经济增长之间的关系。他们得出的结论是，GDP增长中的10%和生产力提高中的16%都直接与一个国家所拥有的机器人数量相关。

有人预计，机器人或自动化会导致更高的失业率，但事实并非总是如此。一份经济刊物指出，在2000年至2016年，机器人产业创造了900万~1 200万个新工作岗位。该刊物还指出，机器人数量越多的国家失业率越低。这一现象背后的原因为：尽管机器人可能取代劳动密集型工作，但机器人也在技术领域为机器人设计师、制造商、程序员等创造了新的工作岗位。

虽然亚洲国家现在拥有的机器人更多，但美国等西方国家也不甘落后。显然，机器人产业在未来几年将继续高速发展，与创造性工作相关的就业市场也将随之增长。

65

有哪些家用机器人

在未来，你的家里可能有各种类型的机器人，它们能帮你完成你不愿意做的各项家务。从厨房、客厅到你的花园，在任何地方都可能有机器人在忙碌。机器人将帮你节省时间，让你可以专注自己喜欢的事情，而不用让那些无法避免的日常家务占据了生活。

以下是一些目前正在开发的、最通用的机器人，其中有些已经上市。不过，请注意，在未来，这些机器人还会进化出更多的、更先进的版本。

厨房机器人

目前正在研发的最有趣的厨房机器人是由Moley公司设计的。据报道，Moley的厨房机器人可以像托马斯·凯勒、阿兰·杜卡斯和戈登·拉姆齐等顶级厨师一样，做出100多份大餐。

厨房机器人所用的厨房配有橱柜、电器、"机器人动作捕捉系统"及其他设备。这些设备能让厨房机器人做出复杂的菜肴。Moley还为这款产品增加了洗碗和厨房清洁功能。

据报道，Moley的厨房机器人将于2018年上市，售价约为1.5万美元。在未来，新出售的房屋很可能配备厨房机器人。

清洁机器人

人们最熟悉的清洁机器人是iRobot公司的Roomba。iRobot是行业的领导者，它是第一家在市场上推出清洁机器人的厂家。iRobot成立于1990年，据其网站介绍，该公司于2002年首次发布了Roomba。该公司目前有多个型号的家用清洁机器人在售，包括布拉瓦喷气拖把机器人

等，这些机器人都在不断得到改进。iRobot还一直在开发各种其他种类的家用机器人。

如今，还有一些公司也进入了该领域，如bObsweep、ILIFE和科沃斯机器人等，它们都开发了扫地机器人。

iRobot Scooba 450机器人（图片来源：iRobot网站）

熨烫机器人

熨烫机器人可以帮人们节省大量时间。对于整天忙碌的人来说，熨衣服是件令人头痛的事。

第一个熨烫机器人名为Dressman，是由西门子公司生产的。对于那些想节省时间的人来说，Dressman是个相当有价值的实用工具。

这种机器人的外形类似人类的上半身躯干，它的工作原理是，用热风烘吹湿衬衫来去除褶皱。将衬衫放在机器人身上，机器人用热风使衬衫膨胀干燥，从而去除衬衫上的褶皱。

园艺机器人

名为Tertill的机器人可以帮你完成除草等花园维护工作。Tertill可以在花园里移动，测量每株植物的大小，剪掉所有不到一英寸长的植物。它还有一项功能，可以保护正在生长的植物幼苗（不被误剪）。

此外，Tertill是由太阳能驱动的，所以它可以一直放在花园里，每天都可以自主地在地面上工作。Tertill是由Roomba团队的一位成员设计的。

草坪机器人

现在，已经有几家公司开始生产草坪机器人了，其中包括Gardena和Husqvarna两家公司。

然而，草坪机器人在亚马逊等网上商店上只得到了"一般"的评价。和其他类型的机器人一样，草坪机器人也会得到逐步改进和发展。

家用伴侣机器人

这种类型的机器人更像一种伴侣，能够识别人类的表情和情绪。目前，该领域已吸引了很多公司，在未来，市场上将会出现各式各样的家用伴侣机器人。

加州梅菲尔德机器人公司开发的Kuri就是此类伴侣机器人。和Kuri一样，许多家用伴侣机器人仍处于设计的早期阶段，只具备基本功能。未来的家用伴侣机器人将能够了解家庭成员，录制视频等，并以各种方式为人们提供帮助。

智能家用机器人

在未来，家中的所有家具都将通过物联网连接起来。机器人将成为家庭的标配。所有家用物品，如电视、冰箱等电器，甚至家具都会被连接至物联网。在未来，家用机器人会得到普及，也会被连接至物联网。

Roomba的发明者认为，在未来，所有机器人都将是"隐形"的。

"消费者想要的是一尘不染的地板，而不是在脚下嗡嗡作响的机器"，乔·琼斯在一篇博客文章中这样写道："人们只想要机器人为他们做事情，而不在意是否能看到机器人。"

家用机器人和智能家居的优势明显，机器人可以自动完成日常任务，节省人们的时间，让人们不用再做那么多不喜欢的家务，从而有

更多的时间做更喜欢的事情。

然而，机器人也会造成一些负面影响。由于人们花很多时间与机器人待在家里，可能丧失与他人接触和互动的能力。人们必须牢记以下基本理念——应用机器人是帮助我们完成任务，而不是改变我们。

对家用机器人的另一个担忧是，它们存在泄露隐私的可能性。大多数家用机器人会进行云连接，家庭内部的私人对话和其他个人信息都可能被记录在云端。一想到自己的隐私可能被侵犯，许多人就会对机器人在家庭中的应用感到担忧。这会导致消费者对家用机器人的接纳度降低，从而减慢家用机器人的总体增长速度。

66

最先进的机器人有哪些

波士顿动力公司现已崛起为世界最先进的机器人公司，它拥有迄今为止最先进的机器人。

该公司最初以麻省理工学院的一个项目为开端，当时的目标是，制造像动物一样行动的机器人。波士顿动力公司最初的机器人开发项目大部分由军方资助。该公司在2013年被谷歌（收购实体实际为谷歌的母公司Alphabet Inc.）收购，随后在2017年6月又被软银（SoftBank）从Alphabet收购。

波士顿动力公司之所以如此声名显赫，因为它是第一家创造和展示了设计极其复杂、行动十分灵敏的机器人的公司。该公司的机器人已经展现出了执行复杂任务的能力，而在此前，机器人的这些能力只有在电影中才能见到。

波士顿动力公司在YouTube和脸书等社交媒体上发布了机器人的视

频，获得了大量关注。这给公众带来了全新的认识，即机器人真正能做什么，以及机器人为丰富人们的生活带来的各种可能。

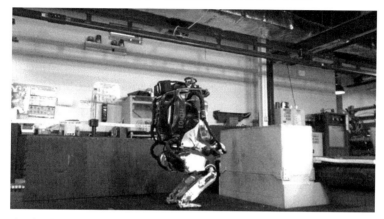

波士顿动力公司的阿特拉斯（Atlas）机器人（图片来源：YouTube网站）

下面介绍波士顿动力公司设计的三种新型机器人。

- Handle机器人。它是一种结合了轮子和四肢的两足动物形状的机器人，这个设计赋予了它强大的力量和灵活性。轮子能使机器人在平坦的地面上快速移动，而双腿则能让机器人在任何地形上行走。Handle虽只有6.5英尺高，但能够进行4英尺高的跳跃。该机器人有10个驱动关节，使其能够举起重物并在各种空间中活动。在充满电的情况下，它能以每小时9英里的速度行驶15英里。同时，Handle还配备了电动和液压装置。Handle的首次亮相是在2015年DARPA机器人挑战赛中。《连线》杂志称，该机器人是一个"进化奇迹"。

- Spot机器人。在2017年的TED大会上，波士顿动力公司推出了Spot机器人。这是一款用于递送包裹的狗形机器人。该公司设计这款机器人是为了探索如何将其发明商业化。波士顿动力公司让Spot机器人将包裹送到员工家里，令其持续练习并不断对

其能力和设计进行改进。Spot机器人有12个电动关节，并配有液压驱动装置。该机器人可以完成室内和室外任务，充满电可以工作45分钟。此外，据该公司介绍，通过使用激光雷达和立体视觉技术，Spot机器人还可以感知崎岖不平的地形。

- **Spot Mini机器人。** 波士顿动力公司设计的一款更小的狗形机器人，它可以在办公室、家庭和户外使用。Spot Mini机器人最多可负重30磅，有17个关节，能爬楼梯。Spot Mini机器人自重25磅，充满电后可以工作90分钟。Spot Mini机器人的机动性比Spot机器人更强，它还配有一只"手臂"，可以用来拿起和递送物品。在其四肢上还配备了立体摄像机、景深摄像机和位置及力量传感器，以帮助其导航和移动。该公司称，此款机器人是他们制造的最安静的机器人。

波士顿动力公司的首席执行官马克·雷伯特曾表示，公司的长期计划是制造能够满足日常需求的机器人。雷伯特说："我们的目标是，造出在机动性、操纵灵活性、感知能力和智能等方面与人类相当，甚至超越人类的机器人。"雷伯特还认为，机器人技术将比互联网技术更强大。

以上是一些在设计上很有特色的机器人的例子，在未来，会有更多的机器人出现。由于机器人很快就会在商业领域普及，所以我们现在就要开始熟悉各类机器人，以及它们在日常生活中的主要应用方式。

另一家受到媒体关注的公司是汉森机器人公司，该公司开发了一款名为"索菲亚"（Sophia）的人形机器人。据该公司介绍，"索菲亚"能辅导孩子学习、帮助老人，最厉害的是她可以模仿人类的面部表情。

2017年10月，沙特阿拉伯授予"索菲亚"荣誉公民称号。但很多人认为这只是一种宣传噱头。因为该国有一个众所周知的战略目标：

将当下的石油经济转型为数字经济。许多专家认为，将公民权利赋予像机器人这样的无生命体可能产生一些问题。

汉森机器人公司开发的机器人"索菲亚"（图片来源：sophiabot网站）

67

由机器人运营的酒店

尽管机器人在服务和酒店行业已经有很多应用，但日本的海茵娜酒店在这方面是独一无二的。这家酒店由泽田秀夫创办，其独特之处在于它是世界上第一家几乎完全由机器人"员工"运营的酒店。这项创新的主要目标是，尝试完全由机器人来运营酒店，以获得最佳的整体效率和最好的服务。鉴于初步尝试所取得的良好效果，海茵娜酒店计划进行扩张，开始在其他地方开办这种酒店。泽田秀夫计划在全日本乃至世界各地都开设这种酒店。海茵娜酒店由机器人承担了部分人类员工的角色，例如：

- **接待员**。这些机器人接待员看上去和人类几乎一模一样，会说英语、日语和韩语。

- **行李员**。这些机器人行李员可以直接把行李送到客人的房间。

此外，该酒店无须传统的房卡，通过面部识别就能打开房门。

- **礼宾员**。机器人礼宾员可被语音激活，它不仅能够管控酒店房间内的电器开关，还能提供天气等信息。这些功能只要几个简单的口头命令即可实现。

海茵娜酒店还使用了其他类型的机器人，如能够看护行李的机器人。如果你想了解海茵娜酒店的更多情况，可以在视频网站搜索相关的视频。

目前，海茵娜酒店总共有约140个机器人，以及7名负责监督和质量控制的人类员工。由于团队中的主要员工由机器人组成，这家酒店的管理层几乎无须处理加班费、假期、奖金及其他传统管理所面临的问题。

在用机器人助推服务业方面，海茵娜酒店做了重要尝试。对某些人来说，这个酒店的做法或许有些极端，毕竟许多客人在入住酒店时更喜欢与人类进行交流。也许，对于酒店行业来说，最理想的经营方式是，将传统的人类交流与机器人助手结合起来。

中国电商巨头阿里巴巴宣布，将在中国东部城市杭州开设一家名为"飞猪"（FlyZoo）的"未来酒店"。这家酒店除了客房服务是由人类员工提供的，其他工作全部由人工智能来运营。事实上，所有的酒店功能（如调节房间温度和订餐等）都可以通过人工智能来实现。

在未来，我们会看到，有越来越多的酒店将引入机器人，这些机器人将与人类员工共同工作。这样一来，酒店的经营者就可以在提供高质量客户体验和优质客户服务上投入更多精力。

68

与机器人相关的伦理问题

毫无疑问，机器人和人工智能的发展必将造福全世界，例如，这将加快对重大疾病及其治疗的科研步伐，减少交通事故的死亡人数，助推并促进经济增长等。

尽管如此，使用机器人仍会产生一些伦理问题。多年来，机器人领域的专家们设定了一个基本前提，即机器人的研发应该始终着眼于帮助人们过上更好的生活，并促进人类的健康福祉。然而，这并不能保证每个应用这些技术的个体或公司都会遵守这一指导方针。此外，在为追求经济利益而使用人工智能时，很多人可能面临复杂的伦理问题。

当你考虑机器人和人工智能的应用时，应思考以下伦理问题。

- **如何确保机器人不会加剧世界不平等？**

在应用机器人和人工智能时，一小部分富人可能先行对此投资和开发。因此我倡议，要公平地将与机器人和人工智能相关的信息和教育机会推广给所有的社会阶层，这一点非常重要。可如何才能做到这一点呢？

- **随着与机器人互动的逐渐增多，人们应如何保持社交技能？**

每当一种新技术被广泛采用时，都会改变人们的交互方式，既包括人们与工具间的交互，也包括人际间的交互。在机器人和人工智能技术的发展过程中，有哪些方法可以促进人们保持积极的人际关系而不会丧失必要的人类社交技能呢？

- **应该完全信任机器人吗？**

机器人已经用于医院的外科手术中心、军队，以及处理一些生死攸关的情况。这一趋势可能持续下去。不仅如此，在很多行业中，机器人的应用都在持续增加。那么，如果机器人无法完成预定任务，甚至造成了人员伤害，这时该如何应对呢？还有，当人们面临重大问题，开始怀疑自己的判断，转而依赖机器人给出答案时，会发生什么情况？这里有一个解决办法，即创建一个嵌入所有机器人的"伦理黑盒子"，并让机器人解释其决策过程。（我完全同意这一方案。）

- **机器人应该拥有什么权利？**

在人类拥有受到官方认可和保护的固有基本权利时，机器人应该拥有哪些权利呢（如果有的话）？

- **人们应如何通过有效立法来使用机器人？**

随着制造技术的发展，机器人的生产成本将逐步降低，制造周期也将逐步缩短。人们需要制定什么样的法律，才能帮助自己避免在开发及应用机器人和人工智能时犯下严重错误，甚至造成可怕的后果呢？

在机器人技术的早期发展阶段，无论在公共领域还是在政治领域，只需要解决一些伦理问题就可以了。因为机器人的大部分源代码都可能是"开源"的（每个人都可以获得）。无论结果如何，机器人和人工智能对人们生活产生的潜在影响都是巨大的。

目前，一些参与机器人和人工智能开发的公司已经联合起来，建立了人工智能合作伙伴关系，以促进公众对机器人和人工智能技术的理解并鼓励对相关话题的讨论。另外，"人工智能伦理与治理基金会"也在运作类似的项目，该基金会由奥米迪亚网络、奈特基金会和领英创始人里德·霍夫曼牵头成立。

然而，目前这些举措还不广为人知。很多人并未意识到机器人和人工智能技术的发展速度有多么迅猛，也未认识到当下就开始思考、讨论机器人和人工智能技术对个人、企业甚至政府的影响有多重要。

69

与机器人共同生活

历史表明，大多数人对新技术的适应速度都很慢。人们需要花时间熟悉和适应新工具带来的变化，还要花时间学会使用它们。可是，机器人和人工智能的发展正在呈指数级增长，研讨它们的用途和影响已经迫在眉睫了。

现在，请思考一个重要问题：人们要怎样准备，才能适应每天与机器人一起工作和生活呢？尽管这个问题没有绝对完美的答案，但仍要记住一件非常重要的事情，即创造机器人的目的是以一种可衡量的方式来改善人们的生活。

Pepper机器人

随着越来越多的机器人开始接管那些曾经由人类完成的任务，应用机器人的初衷可能被人们逐渐淡忘。请牢记，机器人是为人类服务的而非其他目的。

关于与机器人共同生活的最佳方式，我没有确切答案。但我可以

给出一些供你参考的问题，或许这有助于启发你并鼓励你采取行动。

- 在帮助整个社会适应与机器人共同生活和工作方面，你个人能做些什么？
- 对于政治家和领导者来说，需要了解哪些机器人和人工智能方面的知识才能帮助他们获得成功？
- 在机器人的用途和含义方面，人们应该如何教育下一代？
- 人们如何才能培养出更多的教育工作者，使他们也能够传授关于机器人的重要性及如何与机器人共同工作的知识？
- 教育机构通过开发哪些教学内容来分享关于机器人的正面信息？
- 在机器人的应用方面，应该制定哪些重要的伦理准则？应该如何有效地实施这些准则？
- 如何确保所有社会阶层都能使用机器人？
- 怎样避免机器人可能造成的潜在伤害？
- 如何确保社会中的每个人都有同样的机会了解机器人并从机器人的应用中受益？
- 在未来，当很多人把大量时间花在与机器人进行交流而不是人类时，如何确保人际交往技能不受影响？

对此，我个人的看法是，关于机器人在社会中的角色方面，人们迫切需要开展更多的公共教育和对话。人们必须解决这些问题，例如，当机器人变得更像人、更受欢迎时，它们的角色将如何变化？机器人与人类间的关系将如何变化？人类的角色可能发生哪些变化？在人形机器人大量出现前，人们需要广泛开展这类内容的讨论和教学。如果人们没有提前做好准备，那么机器人的突然"涌入"很有可能导致社会动荡——给人们带来许多困惑和愤怒，也会出现很多抑郁者。

我们要投袂而起而不能坐失良机！当那些先进的机器人技术充斥市场和人们的生活后，行动就太迟了。在未来几年内，在机器人的制造和应用方面，国际法律和法规都将发挥关键作用。因此，面对机器人技术的迅猛发展，对各国政治家和领导人进行相关的教育就变得十分关键了。

例如，著名的快餐连锁店麦当劳已经宣布，它将在美国亚利桑那州凤凰城开设一家完全由机器人运营的新餐厅。可以肯定地说，在不久的将来会有越来越多的麦当劳餐厅交由机器人运营。同样，其他餐饮服务行业的工作也会如此。这将对大量下岗员工的生计构成威胁，很可能导致大规模的抗议、示威、骚乱和其他形式的社会动荡。这会引起严重的社会问题和经济问题，人们必须及早处理。

70

与机器人相关的资源

如果你对机器人的工作原理感兴趣，可以在亚马逊上找到大量与机器人技术相关的书籍。如果你对这些技术的应用兴趣盎然，也可以查看以下参考资料。

马丁·福特的《机器人时代：技术、工作与经济的未来》是一本关于机器人及其潜在影响方面的著名书籍。该书第一次讨论了机器人将如何改变劳动力的就业状况，阐述了随着机器人的迅速开发和广泛应用，机器人将对未来产生怎样的巨大影响。书中还特别强调了失业问题。

在机器人对人类的影响方面，我推荐戈尔德·莱昂哈德所著的《人机冲突：人类与智能世界如何共处》。该书讨论了指数技术及其对人类可能产生的影响。我特别欣赏莱昂哈德对人类要保持人性和机器人可能引发伦理问题的关注。莱昂哈德认为人性是超越技术的。

如果你有兴趣学习如何制作机器人，我建议你关注一个极具互动性的资源，即由优达学城提供的名为"人工智能机器人"的免费在线课程。这个在线视频课程由德国计算机科学家Sebastian Thrun进行教授，他曾领导谷歌的自动驾驶汽车团队，被誉为当今机器人和人工智能领域的顶级专家。

在世界经济论坛的网站上，你能找到很多有关机器人和人工智能方面的文章，这也是一个内容最新、最可靠的信息来源。

第 **8** 章
科技巨头公司在人工智能领域的布局和进展

谷歌的人工智能活动 G	脸书的人工智能活动 f
亚马逊的人工智能活动 a	微软的人工智能活动
IBM的人工智能活动 IBM	苹果的人工智能活动
英伟达的人工智能活动	阿里巴巴的人工智能活动
百度的人工智能活动 du	腾讯的人工智能活动

几乎每家大型科技公司都将人工智能的开发和应用设为最高优先级。在本章中，我将介绍10家科技巨头公司，以帮助你深入了解它们在人工智能方面的应用和研发方式。

由于人工智能技术正在不断地发展和变化，人们很难跟上所有的发展步伐。因此，我建议你应该密切关注一些大型科技公司，从它们发布的那些有趣的、基于人工智能的产品和服务中得到启发。

虽然本章重点介绍的10家公司都是规模庞大的跨国公司，但世界各地还有许多初创公司也正在开发一些让人耳目一新的人工智能产品。在过去几年里，人工智能初创公司获得的投资大幅增加，这让规模较小的公司也有机会加入人工智能领域的角逐，使它们也能够富有激情地发起挑战。

你可能注意到，本章介绍的前7家公司都来自美国。然而，人工智能的创新和发展是全球化的，所以也要留意美国以外的那些从事人工智能开发的公司，它们也在改变着世界。

特别值得一提的是，本章介绍的后3家公司都来自中国。中国正迅速成为人工智能开发领域的世界领导者。为保持信息与时俱进，我建议读者对中国在人工智能技术方面的发展保持密切关注。

毫无疑问，大型科技公司在人工智能方面取得的成就令人振奋。当然，人工智能和机器人软件的开源也十分关键，软件开源可允许每个人都能创建强大的人工智能应用。否则，过分依赖大型科技公司创造的人工智能会导致其权力过大。

谷歌的人工智能活动

谷歌是世界上最大的数据公司之一，该公司通过谷歌搜索、YouTube、Gmail及其他产品和服务坐拥成千上万的用户数据。能够获得如此海量的数据，使谷歌成了人工智能领域的世界领导者。

人工智能是谷歌及其母公司Alphabet Inc.的关键技术。谷歌被认为是掌握最先进人工智能技术的公司，因为该公司的所有新产品和服务都在某种程度上应用了人工智能技术。

谷歌如何在产品中应用人工智能

以下是谷歌应用人工智能技术的一些实例。

- **谷歌搜索引擎**：你每次在谷歌搜索上搜到的结果都是通过谷歌的机器学习算法得到的。它从你的每次搜索中学习并为你提供个性化的搜索结果。谷歌致力于提高搜索能力，甚至预测你想要搜索的内容，这都归功于机器学习和人工智能技术。

- **谷歌智能助理**：谷歌的智能助理可以帮你了解当前的天气情况、使用超过100种语言翻译文本、为你更新航班信息等。它可以创建提醒、预订晚餐，甚至在使用"谷歌家庭服务"时调暗你家里的灯光。

  随着这类智能助理的应用越来越普遍，一些批评人士表达了对隐私泄露问题的担忧。例如，你在与谷歌智能助理对话时可能涉及一些隐私内容。为此，谷歌为其智能助理增加了新的功能，允许用户修改智能助理的设置和权限，甚至在必要时允许用户删除智能助理以前保存的数据。你也可以在谷歌智能助理

的网站上了解更多关于智能助理的信息。

谷歌智能助理　　　概述

嗨，请问我如何帮您？

遇见您的谷歌智能助理

您可以问它一些问题，命令它做些事情。它是您的私人谷歌助理，
随时在此恭候，为您提供便利。

▶点击查看

谷歌智能助理的网站

- **谷歌网络相册**：该服务具备图像识别功能，可以协助用户将上传至互联网的图片进行分类和索引。谷歌还扩展了其功能，如图片增强功能，它可以增加图片中的缺失细节。

- **谷歌语音识别**：谷歌智能助理使用深度学习来识别命令、问题和其他语音指令。该功能也被扩展至谷歌的翻译服务模块。

- **YouTube**：谷歌使用机器学习来更好地跟踪用户的视频观看习惯，这有助于提高视频推荐的准确性。

- **谷歌Pixel Buds**：Pixel Buds是谷歌蓝牙耳机的品牌。据称，它能够实现超过40种语言的即时翻译服务。目前，谷歌人工智能翻译的效果最好。在使用Pixel Buds时，按压右边耳机并说："帮我翻译意大利语。"左边耳机就会完成意大利语的翻译。虽然该产品的首个版本并不完美，但随着时间的推移，它会逐步完善，最终将成为专业人士或个人的必备工具。

- **谷歌语音输入**：这个工具可以让你用说话的方式实现快速文本输入。它兼容119种语言，可与谷歌文档（Google Docs）共同使用。即便你有口音也难不住该工具，语音输入可以帮助我们节省很多时间。

- **谷歌自动驾驶汽车**：谷歌的自动驾驶汽车由人工智能和机器学习提供支持。据报道，谷歌对这项研发的投入已超11亿美元。

此外，谷歌还在其他领域应用了人工智能，如医疗保健项目及云服务等。

谷歌收购的人工智能公司

2014年，谷歌收购了DeepMind。一些专家认为，DeepMind是世界上最先进的人工智能公司。

此外，谷歌还收购了另外12家人工智能公司，如Halli Labs、Kaggle和Api.ai等。其中，Api.ai提供的免费工具，可以用来开发人工智能助理。

谷歌在人工智能方面取得的成就

以下例子很好地体现了谷歌在人工智能方面的能力。

- **阿尔法狗（AlphaGo）**：这款由DeepMind开发的人工智能软件向世人展示了深度学习的力量，它是首个在极为复杂的围棋游戏中击败人类棋手的计算机程序。据DeepMind首席执行官戴米斯·哈萨比斯介绍，AlphaGo使用深度神经网络技术，通过在围棋游戏中不断地与自己对弈，来从自己的错误中不断学习。

  2017年10月，DeepMind宣布AlphaGo Zero已经学会了在完全没有人类参与的情况下，自己下围棋。AlphaGo Zero在短短三天内就打败了上一个版本的AlphaGo，并以100∶0的比分结束比赛。此前，所有版本的AlphaGo都需要人类输入数据来学习如何下围棋。相比之下，AlphaGo Zero完全从随机走法开始，通过自我对弈进行训练。

- **机器人学走路**：同样由DeepMind开发。借助该算法，机器人在

没有人类指令的情况下，可自学走路、跑步和跳跃。通过使用强化学习，在机器人成功执行某些动作后向它发送奖励信号，来使机器人自己找到越过障碍的方法。

- **TensorFlow**：这是一个开源库，能够帮助研发人员利用机器学习。2015年11月，谷歌首次发布TensorFlow。随后，在2017年11月，谷歌发布了TensorFlow Lite，这是TensorFlow针对移动和嵌入式设备的轻量级解决方案。

谷歌的人工智能服务和实验

- **谷歌为企业提供人工智能服务**：谷歌向其他企业开放了人工智能云服务，这是个强大的机器学习服务。该服务为那些懂得如何运用该平台的企业提供了巨大的优势。

- **基于云的人工智能工具**：谷歌有一个专注人工智能的网站，展示了该公司推荐的各种人工智能工具，以及与谷歌人工智能项目有关的新闻。其中，有个叫Kaggle的有趣项目，据该网站介绍，它是目前世界上最大的关于数据科学和机器学习的社区，提供了各种竞赛和实验。

- **人工智能实验**：谷歌发布了一个名为AI Experiments的程序，任何人都可以提交他们的人工智能项目，最具创意和最知名的项目会在网站上得以呈现。AutoDraw就是一个例子，它可以猜测你想画什么，并提供更贴切的图画方案供你选择。你可以在AutoDraw的网站上亲自试一下。

- **DIY人工智能**：谷歌还有一个专门提供工具和开发包的网站，以帮助人们构建人工智能产品。谷歌在这个网站上分享的第一个项目是AI Y语音工具包，这是一个可以连接到谷歌智能助理的自然语言识别器，它可以让你基于谷歌智能助理构建自己的应用程序。

谷歌的DIY人工智能语音工具包

谷歌正在逐步加快人工智能的研究步伐并扩大开放性，这不仅造福了广大用户，更极大地推动了全球人工智能的发展进程。

2018年6月，谷歌发布了人工智能应用原则，旨在为其员工提供一个清晰的愿景，这是一份有关该公司人工智能产品的应用目的清单。这份清单包括了开发人工智能以造福社会，防止人工智能产品产生不公平或偏见等问题。清单还提及，谷歌绝不开发以武器或伤害他人为目的的人工智能。

谷歌启动了一个2 500万美元的基金，用于支持人道主义人工智能项目。

近期，谷歌首席执行官桑达尔·皮查伊表示，谷歌的机器学习算法十分强大，甚至可以用来生产更多的机器学习软件，这可以缓解该行业的人才短缺状况。谷歌决心将人工智能提升到一个崭新的水平并增强其应用效果，进而改进用户体验。

另外，你可以在谷歌的网站上了解更多关于谷歌机器学习方面的信息。

谷歌在其网站上分享了大量与人工智能相关的研究、教育信息、工具和故事等，值得你花时间来浏览一下。谷歌还提供了机器学习方面的免费课程，你可以在谷歌网站的开发者频道了解更多信息。

72

脸书的人工智能活动

脸书运用机器学习和人工智能技术，并结合用户在填写个人资料时分享的大量详细信息，积累了庞大的用户数据库。脸书的人工智能算法通过分析、学习用户的个人数据，能够了解和掌握用户的个人偏好和兴趣。这使脸书能为每个用户提供独特的个性化体验，极大地促进了社交网络的普及。

人工智能已经成为脸书优先开发的技术，该公司一直在使用人工智能设计新产品。毫无疑问，脸书在其未来的项目开发中也将如此。另外，项目中还可能包括基于人工智能的虚拟现实和增强现实等技术。

脸书的人工智能实例

- **脸书图片搜索**：该功能利用人工智能来"读懂"图片中的内容，这使用户可以使用关键词在社交媒体上搜索图片。

- **FBLearner Flow**：如上所述，脸书的一切成就几乎都得益于人工智能的有效运用。脸书将FBLearner Flow称为"人工智能支柱"，它通过分析所有用户发布的内容，以独特的方式来为每个人提供个性化的使用体验。如果你想了解该功能的原理，请访问脸书的网站并搜索"FBLearner Flow"。

- **文本分析**：DeepText是脸书正在开发的一款人工智能工具，可以理解词汇和对话中的真正含义。目前，DeepText可以理解20多种语言的文本内容。

脸书甚至已经开始将文本分析作为打击恐怖主义的武器。在脸书的一篇帖子中，首席执行官马克·扎克伯格写道："脸书一直依赖用户举报来发现与恐怖主义有关的帖子，但这并不是监控极端主义活动的最有效方式。脸书已经开始使用人工智能来快速、有效地筛查任何可能与恐怖活动或威胁有关的内容。同时，系统也能过滤掉与之相关的文本和图片。"

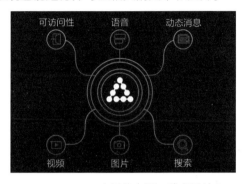

FBLearner Flow（图片来源：脸书网站）

- **防止自杀的模式识别功能**：脸书开发了一种深度学习算法，通过分析用户的帖子和评论能够及时发现用户潜在的自杀倾向，然后通知有关人员。脸书于2017年3月开始在美国进行测试，并计划在成功完成测试后推广到其他国家。

- **360度全景图片**：利用深度神经网络技术来优化图片，以为用户提供更好的观看体验。

- **计算机视觉**：脸书一直在开发可以识别图像的计算机分析方法。虽然将人工智能用于计算机视觉技术刚刚起步，但脸书一直在研究与计算机视觉相关的主题，包括计算摄影、视频对话、图像识别、虚拟现实、卫星图像等。

- **个人助理**：脸书 Messenger现在提供了一个名为脸书M的个人助理功能，可以提醒用户并改善用户体验。例如，脸书M可以提醒用户保存信息以便稍后查看，向用户发送生日提醒等。脸书M还可以推荐视频或进行语音通话，这些功能都可以在App中实现。

- **聊天机器人**：脸书Messenger有一个聊天机器人平台，是当今最流行的聊天机器人平台。对此，本书已在相关章节进行了更加详细的介绍。

脸书收购的人工智能公司

为了达成上述成就，脸书一直在开发自己的人工智能，同时也收购了一些重要的人工智能公司，Ozlo公司就是其中的一个。Ozlo开发了对话型人工智能。该公司擅长开发面向消费者的App和知识图谱。知识图谱是一个世界百科的数据库。

脸书还兼并了Wit.AI公司，这是一家从事API（应用程序编程接口）开发和声控人工智能接口的公司。此外，擅长开发面部识别技术的Masquerade Technologies公司和计算机视觉公司Zurich Eye也加入了脸书的人工智能大军。

脸书的人工智能研究活动

脸书有一个专门研究人工智能的部门，即脸书 AI Research （简称FAIR）。FAIR在脸书的网站上分享了关于脸书如何应用人工智能技术的文章、新闻和见解等。在脸书的网站上，你还可以下载各种机器学习或深度学习的模型。

脸书FAIR的首页

脸书最近在蒙特利尔开设了一个实验室（FAIR Montreal），科学家和工程师们在那里从事各种人工智能项目。该实验室旨在研究各种与人工智能相关的技术问题，包括应用程序、软件和硬件，以及如何从数据中获取知识等。有趣的是，谷歌也在蒙特利尔开设了一个人工智能研究基地。

脸书首席执行官兼创始人扎克伯格认为，人工智能几乎会在所有任务上超越人类，他说：

"我曾预测，在5~10年内，我们的人工智能系统将在视觉、听觉、触觉等各个感官及语言等方面做得比人类更为精确。这些工具正在变得更加强悍，它们的表现让我对自己的预测更有信心了。

"在某种程度上，人工智能比想象中离我们更近，也更远。人工智能正超出大多数人的预期，完成了更为复杂的事情，如驾驶汽车、治疗疾病、探索行星和理解信息等。这些都将对世界产生巨大的影响，尽管如此，我们仍在研究什么才是真正的智能。"

73
亚马逊的人工智能活动

亚马逊是极受欢迎的电子商务平台，它应用机器学习技术有很长时间了。当顾客购买某种商品时，亚马逊网站通过机器学习向他们推荐类似的商品，或者向那些浏览过某些商品但未购买的用户发送相关的促销信息。

亚马逊在利用机器人提高生产力和效率方面是不折不扣的先行者。这使该公司能够为顾客提供诸如快速送货等更好的服务体验。根据最新报告，目前，亚马逊的仓库正在使用超过10万个橙色机器人，

并有超过1 000名负责构建和编程的员工与它们一起工作。

亚马逊仓储机器人
（图片来源：亚马逊网站）

亚马逊还在人工智能开发的许多领域投入了大量资源。从无人机送货到个人助理Alexa，再到顾客数据研究，该公司一直在努力运用各种人工智能技术来提升产品和服务。

亚马逊人工智能的实际应用

亚马逊一直在使用人工智能来提升电子商务和互联网服务。亚马逊应用人工智能技术的方式如下。

● **商品推荐**：这是亚马逊最重要的人工智能"后台"应用，它通过收集和分析顾客的数据来提供更准确的商品建议。

对于亚马逊及其供应商来说，维护好顾客的线上消费是关键，而人工智能一直在帮助它们保持大量的订单。

● **Alexa个人助理**：亚马逊的个人助理最近因为Echo的推出而大获成功（Echo是一款数字扬声器），让用户与Alexa间的互动更加便利。语音激活后的Echo（或Alexa）可以查询时间、天气等信息，播放音乐，以及执行许多其他任务。

● **云存储**：亚马逊的云存储服务已经应用了人工智能技术来保护数据安全。这款Macie可使用机器学习来查找、分类和保护机密信息。Macie是为了解决Amazon S3上出现的安全漏洞而创建的。（S3是该公司推出的简单云存储服务。）当时S3上存储的超过60 000个美国政府的敏感文件变为可被公众访问的状态，归功于人工智能技术和Macie的精巧设计，工作人员能够快速查找并保护这些敏感文件。Macie还能够通过跟踪数据访问的方式来发现任何可疑行为。

亚马逊为企业提供人工智能云服务

在向企业提供人工智能服务方面，与微软、IBM和谷歌一样，亚马逊也是最具竞争力的公司之一。长久以来，亚马逊一直在为许多企业客户提供网站托管服务，现在，也开始为其他企业提供人工智能服务。

例如，金融软件公司Intuit就使用了亚马逊的人工智能平台，将机器学习技术注入其产品，如该公司的热门金融产品TurboTax。

亚马逊的人工智能平台可以为企业提供以下核心产品和服务。

- **亚马逊 Lex**：允许你构建强大的音频聊天机器人。Lex使用的技术与亚马逊 Alexa相同，应用了自动语音识别（ASR）和自然语言理解（NLU）技术。

- **亚马逊 Polly**：实现文本转语音的服务，并允许你开发多语言版本的应用程序。

- **亚马逊识别**：允许你在App中添加图像分析功能。我敢确定，亚马逊的人工智能平台将受到各类企业的欢迎，尤其是对于那些希望了解人工智能重要性的中小型企业而言，更是如此。

亚马逊的人工智能平台

尽管亚马逊的大部分产品已经使用了人工智能技术，但公司仍坚持通过持续发展人工智能来提高产品质量。

亚马逊首席执行官杰夫·贝佐斯表示，人工智能对公司的成功至关重要：

"机器学习产生了各种算法，这些算法可用于顾客需求预测、商品搜索排名、商品推荐、商品放置、欺诈检测和翻译等。虽然它悄无声息，但是可以这样形容机器学习产生的影响——它正在潜移默化地改善企业的核心运营。"

贝佐斯还表示，他相信人工智能将成为改善所有企业和政府组织的关键因素。

亚马逊云服务的深度学习和人工智能总经理马特·伍德提到，这家在线电子商务巨头拥有全球最大的人工智能平台。

74

微软的人工智能活动

作为最知名的传统科技公司之一，微软最近进行了大规模转型工作，从销售软件转向销售云服务。2017年5月，微软宣布了一连串令人印象深刻的数字：Windows 10的月活跃用户量为5亿、Office 365的商业用户量为1亿、Cortana（微软的个人助理）的月活跃用户量为1.4亿。

近年来，微软降低了移动开发的优先级，提高了人工智能研发的优先级。事实上，在首席执行官萨蒂亚·纳德拉的领导下，微软已经将人工智能融入了大部分产品。在最近的一份年度报告中，该公司在核心愿景中加入了人工智能并删除了移动开发，充分表明了这一转变。同时，这意味着微软将在其未来的所有产品中应用人工智能。

微软还在人工智能开发方面大举投资，也表明了该公司重振其产品线的愿望。微软的目标是，重夺多年前在个人计算机行业名列前茅的地位。

这一志向在微软最近进行的战略性招聘中得到了印证。微软已经开始与知名人工智能和深度学习专家Yoshua Bengio合作，Yoshua Bengio已同意担任该公司的战略顾问，以帮助微软成为世界第三大人工智能公司。

微软如何应用人工智能

微软一直在利用人工智能技术来开发和改进产品。

- Cortana：微软的个人智能助理一直相当稳定，是该领域最受欢迎的产品之一。它使用人工智能学习并完成用户指定的任务。Cortana可以提醒用户约会或活动的时间及地点，还能够根据用户请求查找信息，并能在各个流行的应用程序之间协调信息。

- PPT实时翻译：这是微软的新产品，它允许用户在演讲PowerPoint演示文稿时添加超过60种语言的字幕。该工具基于自然语言处理的人工智能技术。

- HoloLens：HoloLens是一种以人工智能技术为支撑的混合现实设备。通过图像处理和识别技术，HoloLens已经成为第一台独立的全息计算机。像戴眼镜一样戴上它，你就可以同时在数字内容和全息图像间进行互动。随着技术的发展和售价的下降，微软希望HoloLens在几年内能拥有规模巨大的用户群。

- InnerEye：这是微软开发的一款基于云计算的人工智能医疗产品，旨在提升社区的医疗能力。InnerEye是一种图像分析工具，可以让医生看到比传统的核磁共振成像更多的信息，使他们能为患者提供更好的护理服务。

- Azure云服务：Azure是一套基于云的辅助工具，专业人员可以

使用它来开发和管理应用程序。它还有一套基于人工智能技术的机器学习组件，用于计算数据和开发预测模型。

- **AI for Earth**：在环境和可持续发展方面，微软运用了人工智能技术来帮助人们解决问题。AI for Earth是一个通过不同的项目来解决与农业、供水、生物多样性和气候变化有关的问题的程序。其中，最有趣的项目是"项目预感（Project Premonition）"，该项目通过追踪蚊子来收集有关病原体的信息以防止疾病在人群中爆发。

- **人工智能翻译**：微软最近更新了其翻译服务，该服务由深度学习神经网络技术实现。

微软的人工智能网站

微软还在研究其他几个人工智能项目。例如，该公司在2017年9月宣布成立了一个基于人工智能技术的医疗部门。这极有可能形成与IBM的行业竞争，后者目前是医疗保健行业人工智能产品和服务的领导者。

微软也在争取在自动驾驶汽车行业获得市场份额。该行业极有前景，主要由人工智能技术驱动。微软宣布，将与中国科技公司百度合作共同开发自动驾驶汽车技术。

此外，微软还提供了一套强大的人工智能工具。这套工具包括Office 365、Luis.AI和Azure Bot服务等，Azure Bot允许你基于Cortana构建聊天机器人。微软还拥有各种机器学习工具、服务及基础服务设施。所有这些工具都可以在微软网站的Azure频道找到。

微软的人工智能研究

2016年，微软成立了人工智能研究小组，该小组由5 000多名工程师和计算机专家组成。这进一步证明了该公司对人工智能开发的重视程度。微软很有可能成为未来最顶尖的人工智能公司。

微软首席执行官萨蒂亚·纳德拉称，人工智能为"第三运行时"。他说：

"如果操作系统是第一运行时，浏览器是第二运行时，那么人工智能就是第三运行时。

"从某种意义上说，Cortana了解你、你的工作和你的工作背景。这就是我们构建Cortana的方式。我们赋予了她真正的自然语言理解能力。"

纳德拉还表示，依赖技术进步，人工智能行业在近些年真正焕发了生机：

"在过去五年中，最令人振奋的事情是，人工智能出现了一个专业分支'深度神经网络（Deep Neural Network, DNN）'，DNN从根本上给了人工智能人类的感知能力，无论语音识别还是图像识别，它们都非常神奇。"

其他信息

在其他项目中，微软一直致力于开发实时的、基于人工智能的机器阅读和图像加工产品。

微软也热衷于分享与人工智能相关的知识和见解，并在备受推崇的在线课程网站edX上新增了四门课程。

75

IBM的人工智能活动

IBM目前的旗舰人工智能产品是沃森。2011年，在电子游戏《危险边缘》中，沃森击败了两名人类冠军选手，让全世界为之一振。沃森的研发始于2005年。2004年，研究人员决定开发沃森，并让它参加《危险边缘》的比赛。在比赛中赢得100万美元奖金后，IBM进一步提升了沃森的能力。该公司称，该能力为"认知计算"而不是人工智能。

此后，沃森又取得了巨大的进步，尤其是在医疗领域。沃森最初被存储在数台服务器上，而现在则位于云端。在沃森的简历中，它描述了自己对社会的许多重要贡献，而绝不仅是一个"游戏比赛的参赛者"。

沃森目前被应用于17个行业，包括零售、法律、音乐和酒店等，在医学领域尤为成功。沃森应用"认知计算"（或称人工智能）来提高医生的熟练度。例如，IBM目前最大的技术进展"沃森肿瘤"是于2013年推出的一个项目，医生可以借助沃森来为癌症患者制定最佳的诊断和治疗方案。

在北卡罗来纳大学医学院进行的一项研究中，沃森分析了1 000例癌症病例。在其中99%的病例中，沃森提出的治疗方案都与医生的方案完全一致。此外，这位人工智能超级明星还提供了被30%的医生忽视的方案。在很大程度上，这归功于其超强的处理能力，沃森能够整合研究论文和临床试验的信息，而这些则是医生有可能未掌握或忽略的信息。

沃森还为医学界做出了以下贡献：通过与奎斯特诊断公司合作，组建了IBM沃森基因公司。该公司提供了非常先进的基因组测序服务，旨在帮助肿瘤学家为癌症患者提供最精准的治疗。

沃森之所以在医学界如此成功，在很大程度上要归功于IBM的收购业务。据报道，IBM斥资40亿美元收购了多家医疗数据分析公司。

沃森的贡献绝非仅限于医学领域。以下是沃森在其他领域留下的足迹。

- **沃森分析**：IBM很擅长可视化技术。IBM利用其人工智能方面的技术，设计了一个可以从数据中发现数据关系、相关性和趋势的系统。这可以帮助企业从数据中获得有价值的信息，如公司的趋势预测等。

- **沃森合作**：为了进一步扩大业务范围，IBM一直在寻求与其他公司建立战略合作。为此，IBM与Salesforce合作，Salesforce将在其客户服务平台"爱因斯坦"上提供沃森处理的信息。

- **沃森教育**：沃森甚至被用于大学培训工作。佐治亚理工学院发布了一款人工智能教学助理"吉尔·沃森"。这个人工智能助理由Ashok Goel教授和佐治亚理工学院研究生团队开发，用于解答学生提出的问题。"吉尔·沃森"虽然不是IBM直接开发的产品，但也是基于IBM沃森平台开发的。

IBM董事长、总裁兼首席执行官罗睿兰预计，沃森的用户将超过10亿。

她说："在几年内，不管是个人决策还是重大商业决策，每个决策都离不开人工智能和认知技术的帮助。"

据估计，到2020年，沃森将为IBM带来约60亿美元的收入，到2022年，这一数字将会是170亿美元。

IBM人工智能云服务

IBM可为各种规模的企业提供强大的、基于云的人工智能服务。这些服务能使企业开发自己的人工智能产品和服务。IBM人工智能云服务提供了类似亚马逊的计算机视觉、图像识别和语音识别等工具。此外，IBM还提供了基于人工智能的数据洞察服务，这项服务对市场调研工作很有帮助。

免费试用沃森人工智能

IBM提供的各种沃森产品和服务都包含了人工智能技术。以下是四个最有趣的演示，你可以亲自试用一下，以确定采用哪种产品。

- **语调分析**：使用语调分析来识别文本所传达的情感。这个工具允许你粘贴来自推特、电子邮件或任意的文本，并进行情感分析。

- **发现**：允许用户分析与关键词相关的新闻，也可以通过情感分析来判断与该关键词相关的新闻报道是正面的还是负面的。

- **视觉识别**：展示了沃森如何分析图片并提供对视觉内容的洞察。你只要提供任意一个图片链接就可以直接观看其工作方式。

- **文本转换语音**：展示了沃森如何将文本内容转换为人类的语音。该服务目前支持7种语言的13种语音类型。

你可以在IBM的网站上找到所有沃森的产品和服务。

IBM的Power AI

Power AI是IBM的人工智能企业平台，专门服务于有意应用深度学习和机器学习的大公司。

IBM的首席技术官Rob High将沃森和人工智能统称为"增强智能（Augmented Intelligence）"。他说："这并不是要愚弄人们，让他们以为自己是在和另一个人类打交道。这只是训练机器以人类的思维方式来解决复杂问题而已。在这方面，IBM一直是人工智能领域的先驱。IBM用人工智能解决了许多实际问题，特别是在医疗领域。"

IBM的人工智能研究

IBM已经在人工智能研究（也被称为认知计算研究）方面投入了大量资源。在IBM的研究网站上，你可以了解其主要研究领域及合作伙伴，可以阅读一些较有深度的文章，并能观看IBM的一些认知计算专家的TED演讲。

IBM的认知培训中心

IBM还提供了关于人工智能关键主题的免费课程，包括机器学习、深度学习和聊天机器人开发等方面的内容。在完成这些在线视频课程后，学员可以获得毕业证书。这对于许多想了解更多相关技术的人员来说是个很好的资源。

IBM的认知培训中心

76

苹果的人工智能活动

多年来，苹果的iOS和谷歌的安卓一直都是智能手机的主流操作

系统。然而，一些专家认为，苹果正在失去在人工智能领域的领先地位。谷歌和亚马逊在人工智能的研发方面超过了苹果，而且可能还在人工智能操作系统领域占据主导地位。

一些人认为，苹果的个人助理Siri远不如其竞争对手谷歌智能助理或微软的Cortana。但值得一提的是，Siri仍是目前使用最为广泛的个人助理。Siri当前只能处理简单的请求，希望在不久的将来，我们能看到Siri变得更加强大。

苹果如何在产品中应用人工智能技术

在未来，苹果将在其所有产品中使用人工智能技术。以下介绍苹果在产品中应用人工智能的做法。

- **Siri语音识别**：苹果的个人助理Siri能够理解几种不同语言的人类声音。

- **QuickType（快速输入）**：当你在iPhone或iPad上打字时，QuickType会为你要输入的词提供预测建议。机器学习将让这个功能变得越来越智能，你甚至可以让它来学习自己独特的对话风格。

- **iPhone X**：iPhone X采用了"A11仿生芯片"，这是苹果定制的用于管理人工智能相关任务的芯片。该芯片内有一个"神经引擎"，它通过管理机器学习算法来实现iPhone X的许多高级功能。这个芯片还为iPhone的App开发人员提供了新功能，允许他们在App中运用人工智能技术。

- **苹果音乐**：苹果音乐服务使用机器学习来了解人们喜欢的音乐类型，从而为人们推荐他们可能喜欢的其他乐曲。这与网飞向用户提供观看内容建议的功能有些类似。

- **苹果HomePod**：最初版本的HomePod音箱并不包括高级人工智能助理。苹果将这个智能音箱宣传为，通过"人工智能麦克风"来确保音箱发出最佳的声音，从而提供卓越的音质。

- **苹果照片**：苹果对照片App进行了一些改进。现在，该App提供了面部识别功能，还可以分析并确定哪些照片拍得最好，从而使照片管理变得更容易。

苹果收购的人工智能初创公司

截至本书完成时，苹果还未成功收购重要的人工智能公司。相比之下，谷歌在2014年收购DeepMind后极大地提升了其人工智能方面的研发能力。

不过，苹果收购了一些人工智能的初创公司，其中包括：

- Lattice Data公司，专注于将非结构化数据转换为结构化数据的技术。
- Emotient公司，应用人工智能技术读取面部表情来识别情绪。
- SensoMotoric Instruments公司，应用人工智能技术进行眼球移动追踪。
- Regaind公司，一家研究计算机视觉技术的初创公司。

Core ML——为App开发人员打造的机器学习框架

Core ML是苹果开发的新的机器学习框架，它允许开发者方便地利用机器学习技术开发App。据苹果称，该框架可用于苹果的各款产品及各项功能，如Siri和QuickType等。

泰坦项目（Project Titan）——苹果的自动驾驶汽车组件

尽管苹果一直在研发自动驾驶汽车技术，但目前得到证实并与公众分享的信息很少。该项目名为"泰坦项目"，其重点大致是，开发一种可安装在汽车车顶行李架上的自动驾驶组件。

苹果并没有尝试从头开始开发自动驾驶汽车，主要因为以下两点：一是成本高昂、耗时长。二是考虑到其他科技公司和汽车公司早

已拥有了领先优势。于是，苹果就采取了这种非常独特的方法。如果"泰坦项目"获得成功，它或将成为汽车行业的一款重要产品。

苹果的人工智能研究活动

与其他科技巨头相比，苹果在人工智能方面的研究并没有那么积极。事实上，苹果的第一篇人工智能论文在2016年12月才发表。

另外，苹果直到2016年10月才聘请了第一任人工智能研究主管。当时，苹果聘请了卡内基梅隆大学的深度学习专家鲁斯兰·萨拉赫丁诺夫。

在人工智能的研发方面，苹果比其他几家大公司起步都晚，这表明它的人工智能技术也远远落后。

尽管如此，人工智能仍然是很多苹果产品的核心，包括苹果手表、苹果手机、苹果智能音箱和苹果电视。随着苹果不断创建和完善自己的产品线，期待苹果能在技术上赶超亚马逊和谷歌，也将是一件非常有趣的事情。

你可以访问苹果网站的机器学习频道，阅读更多有关机器学习方面的信息。

苹果机器学习杂志

用于人脸检测设备的深度神经网络

第七期，第一卷，2017年11月
由计算机视觉机器学习组发布

苹果在iOS 10中开始使用深度学习进行人脸检测。随着视觉框架 Vision 的发布，开发者现在可以在他们的应用程序中使用该项技术和许多其他计算机视觉算法。我们在开发框架以保护用户隐私和在设备上高效运行方面面临一些重大挑战。本文讨论了这些问题，并论述了人脸检测算法。

Read the article ›

苹果的机器学习频道

77

英伟达的人工智能活动

英伟达是一家美国科技公司，它正在成为人工智能领域的一个极其强大的参与者。总部位于美国加州圣克拉拉的英伟达在人工智能领域的主要业务都"隐藏"在行业幕后，因为其产品和服务的对象是人工智能公司，而不是个人消费者。

最初，英伟达的主要产品是图形处理器（Graphics Processing Unit, GPU），可用于驱动Sega、Xbox和PS等电子游戏机。如今，英伟达的首要任务是，为其他正在开发人工智能产品的公司生产名为"人工智能芯片"的图形处理器。该芯片是一种超级计算硬件，可以执行最苛刻和最复杂的运算。亚马逊、谷歌、脸书和微软等科技巨头的数据中心都用到了由英伟达生产的人工智能芯片。尽管英伟达的人工智能芯片正为许多公司的众多装置提供支持，但它对人工智能最重要的贡献是在自动驾驶汽车行业。

英伟达是自动驾驶汽车行业的关键参与者。它与大多数顶级自动驾驶汽车公司建立了战略合作伙伴关系。除了成为自动驾驶汽车行业的领军企业这一目标，英伟达还希望成为各行业人工智能芯片的最大供应商。这些行业包括零售、医疗保健、机器人、智能城市和仓储等。

英伟达的首席执行官黄仁勋表示：

"人工智能是人类历史上最重要的发明之一。人工智能给人们带来欢乐和提高生产力的潜力是毋庸置疑的，但你也可以设想一下，如果将这些强大的技术用于不当的用途会有什么结果。

"英伟达认为，让人工智能得以正确使用的最好办法是，让它大

众化。这就是为什么英伟达的GPU技术和CUDA（统一计算设备架构）是开放的。它存在于每个云中，存在于每台计算机中，任何想使用它的人都可以使用。"

尽管英特尔和高通等公司也在这一领域展开竞争，但英伟达已经成为市场无可争议的领导者。硅谷风险投资家马克·安德森曾说过："这就像人们在20世纪90年代时都在Windows上开发产品，在2000年代末都在iPhone上开发产品一样。"如今，几乎所有开发人工智能产品的初创公司和大型公司都在使用英伟达的平台。

英伟达的人工智能培训

为了跟上人工智能飞速发展的步伐，英伟达创建了深度学习研究所。该研究所每年可以培训约1 000名深度学习的开发人员。深度学习研究所还为数据科学家和开发人员提供免费的、自定进度的在线课程，为那些有意愿在该领域工作的人提供了绝佳的学习机会。你可以在英伟达网站的深度学习频道看到这些课程。

英伟达的深度学习研究所

毫无疑问，在人工智能芯片的生产商和供应商中，英伟达稳坐市场头把交椅。英伟达还与最重要的自动驾驶汽车公司建立了合作关系，这使英伟达相对英特尔和高通等竞争对手而言，拥有了巨大的竞争优势。英伟达还可能成为智能家电和其他与物联网相关产品的人工智能芯片的头号供应商。实际上，尽管科技行业里有很多人们耳熟能详的著名科技公司，但在悄无声息中，英伟达很可能成为人工智能行业中的最强者。基于这种"隐藏"的力量，其他科技公司得以成功地开展人工智能的开发工作，人们甚至将英伟达称为"巨人背后的巨人"。

78

阿里巴巴的人工智能活动

作为中国乃至世界最大的在线零售公司，阿里巴巴通过电子商务网站掌握了大量数据。与另一家零售巨头亚马逊一样，阿里巴巴利用人工智能来改善顾客购物的各方面体验。

例如，在人工智能的帮助下，阿里巴巴可以为顾客提供个性化的商品推荐；根据顾客的独特偏好，来定制信息的展示，推荐相关店面等。这与其他一些巧妙的功能结合在一起，可以帮助顾客找到并购买更多其感兴趣的商品。

阿里巴巴应用人工智能的方式

- **机器人管理仓库**。与电子商务巨头亚马逊类似，阿里巴巴也在仓库中使用机器人来提高运营效率。据《商业内幕》报道，目前，机器人承担着阿里巴巴仓库中70%的工作，它们可以搬运500公斤的货物并使用专门的传感器以避免碰撞。在利用机器人

优势促进公司增长方面，中国这家电子商务先行者为我们提供了一个经典案例。

- **由人工智能驱动的商品推荐算法**。阿里巴巴的商品推荐算法可通过检查商品评论和顾客行为，智能地为顾客提供商品建议。与亚马逊类似，这一功能可以给阿里巴巴带来更多的线上销售额。
- **基于人工智能的无人机快递**。阿里巴巴已开始使用无人机递送包裹。2017年10月，在一次多用途实验中，阿里巴巴首次实现了无人机在开阔水域投递包裹。包裹总重约12公斤，无人机运送包裹的距离约为5.5公里。阿里巴巴表示，在未来，拟将此功能用于配送生鲜食品和医疗用品等。
- **人工智能服饰店**。阿里巴巴开发的这项强大的基于人工智能的新服务名为Fashion AI，旨在增加实体零售店的销售额。Fashion AI系统由几种不同的人工智能技术组成，它安装在时装店的试衣间里。Fashion AI可以通过嵌入在衣服中的微型传感器来识别顾客购买的衣服。根据这些信息，试衣间里的屏幕会显示为顾客推荐搭配的服装、饰品或类似风格的服装，并建议顾客试戴试穿。顾客甚至可以通过按下屏幕上的按钮，呼叫销售人员把这些商品带到试衣间。

  目前，在全国范围内，能够提供这种特殊购物体验的时装店共有13家。当这种技术大规模应用时，就能以新方式给商家带来利润，并鼓励顾客在线上购物的同时也到传统的线下购物中心逛逛。这是计算机视觉及其他人工智能技术完美结合的实例。人工智能让顾客的购物体验变得更为简便和个性化。

- **客服聊天机器人**。阿里巴巴还开发了一款新奇的聊天机器人，能帮助顾客获得快速、有效的服务体验。例如，当你给阿里巴巴打电话时，你实际上不是在和人类通话，而是在和阿里巴巴的聊天机器人阿里小蜜通话，它可以对语音和文字的询问进行回答。阿里小蜜可以用来处理交易和回答常见的问题，并可以提供商品推荐。据阿里巴巴介绍，这款客服聊天机器人能够处理高达95%的顾客服务问询。

- **强大的计算引擎**。阿里巴巴拥有一个特别强大的计算引擎，它可以让公司快速完成那些最复杂的人工智能功能，例如，它可以在一秒钟内处理超过17.5万笔交易。

阿里巴巴的人工智能研究

阿里巴巴创新研究院专注于关键技术及未来应用，包括机器学习和自然语言处理等。

阿里巴巴达摩院专注于人工智能的研发，将在中国、美国、俄罗斯、新加坡和以色列等国家建立新的实验室以增强研发能力。

阿里巴巴在中国人工智能国家团队中的角色

中华人民共和国科学技术部组建了首个国家人工智能团队，其任务是到2030年让中国成为人工智能领域的世界领先者。阿里巴巴和中国的其他领军企业如百度、腾讯等受邀参与了这一项目。阿里巴巴目前在该项目中的任务名称为"城市大脑"，该任务旨在利用智能交通等人工智能解决方案来改善城市生活。

79

百度的人工智能活动

在中国，百度是目前使用人工智能技术最多的公司。百度最知名的产品是搜索引擎。该引擎获取了大量的用户搜索数据，这让该公

司拥有了与谷歌类似的影响力，这些数据使其掌握了消费者的购买习惯。百度计划在不久的将来把人工智能技术融入其搜索引擎，这将使其能更好地根据用户的搜索内容提供建议。

百度也在自动驾驶汽车技术上投入巨资，并已经为自动驾驶汽车制造商发布了一个名为"阿波罗"的免费操作系统。百度还与自动驾驶汽车行业的另一家领军企业英伟达建立了合作关系，这将使百度进一步获得相关研究数据并遥遥领先竞争对手。

此外，百度也是人工智能面部识别系统的公认领导者。该系统已经在中国的一些城市进行了测试，用于为游客进入酒店提供身份证明。这类面部识别技术不久将在世界各地的酒店和机场得到应用，同时也将用于提高旅行安全、减少等待时间、协助处理犯罪等问题。

据百度介绍，其面部识别程序比人工检查身份更为准确。虽然有许多公司都试图向机场、酒店和其他旅游景点推销面部识别技术，但百度在这方面的领先优势非常显著。然而，一些批评者表示，当这样一家大型商业公司能够访问并控制如此多的个人数据时，或许会涉及个人隐私和信息安全问题。

智能音箱和机器人

百度最近推出了一款名为Raven H（渡鸦）的智能音箱。就像亚马逊的Echo和谷歌的Home一样，它可以完成一些诸如播放音乐或获取天气预报等基本任务。然而，与其他智能设备不同的是，Raven H配备了duerOS（一种人工智能开放平台），这是一种先进的语音技术，可以让用户在家里走动时始终保持与设备连接。

百度还研发了一款名为Raven R的家用机器人。据报道，该机器人具有情商。Raven R基于多项人工智能技术，如计算机视觉、面部识别及该公司的阿波罗自动驾驶系统等。在本书完成时，百度还未宣布Raven R的预计发布时间和售价。

百度的人工智能研究

百度在人工智能研究中的领导作用可以追溯到2013年，当时，它在硅谷开设了第一个人工智能实验室。目前，这里有超过1 300名人工智能研究人员为百度工作。这个团队之前由人工智能领域的顶尖专家安德鲁·吴领导，这为该公司在人工智能方面提供了很大的优势。

你可以访问百度研究院的网站来了解该公司目前的研究计划，百度还有一个发布人工智能产品和服务信息的网站，该网站目前只有中文版。

百度研究院的网站

百度在中国人工智能国家团队中的角色

百度在国家人工智能团队中的任务是，专注自动驾驶汽车的开发和应用。让百度承担这一任务十分明智，因为长期以来，百度一直被视为亚洲自动驾驶汽车技术的领导者。

腾讯的人工智能活动

腾讯是中国最大的社交媒体网络技术公司。这家公司提供与社交媒体、电子地图、电子邮件、网上娱乐、在线抽奖、网络视频、网络游戏和在线教育等相关的产品和服务。

作为微信（WeChat）的开创者，腾讯也是人工智能领域的主要参与者。这家公司目前的市值已超过3 000亿美元。除了在其即时通信软件微信中应用了人工智能技术，腾讯还在研究其他人工智能技术，如图像识别和自动驾驶汽车等。

与WhatsApp和脸书Messenger等主流即时通信工具相比，微信更深入地融入了用户的日常生活。有了微信，你可以完成诸如呼叫出租车、给朋友汇款、网上购物、阅读新闻等许多活动。腾讯正努力完善微信，使其成为每个中国人都离不开的App。

通过为海量微信用户的日常活动提供支持，腾讯掌握了大量关于用户个人习惯的数据。许多专家表示，微信的数据比百度拥有的搜索数据或阿里巴巴获得的电子商务数据更有价值。这使腾讯在开发人工智能产品和服务方面处于非常有利的地位。

腾讯的人工智能研究

腾讯在西雅图开设了一间人工智能实验室，并在人工智能研究项目上大举投资。除了拥有自己的人工智能实验室，腾讯还开始投资一些与人工智能相关的初创公司。腾讯的人工智能研究主要集中在机器学习、计算机视觉、语音识别和自然语言处理等方面，还包括游戏、社交、基于内容的内涵式产品，以及在人工智能平台上的其他潜在应用。如果想了解更多关于腾讯人工智能研究的信息，可以访问腾讯人工智能实验室的网站。

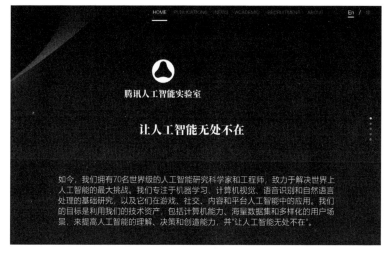

腾讯人工智能实验室的网站

腾讯在中国人工智能国家团队中的角色

作为国家人工智能团队中的成员，腾讯的任务是，专注计算机视觉技术的开发，助力改善医疗诊断工作。

除了上述三家领先的公司，中国还有许多成功的初创企业，它们也在努力开发强大的人工智能技术。我们期待它们取得更大的成就。

第 *9* 章
关于人工智能的常见问题（一）

已在使用的人工智能

人工智能与恐惧

人工智能与隐私

人工智能与社交

人工智能是否被过度炒作

人工智能与伦理 Ethics

在日常生活中应用人工智能 time to start!

在工作中应用人工智能

人工智能与其他指数技术

人工智能何时超越人类

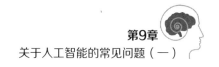

最近几个月，在我参加的演讲和研讨会中，与会者问及了很多有关人工智能及其未来发展的问题，让我有些应接不暇。

本章涉及的是一些关于人工智能的更为普遍的问题，例如，在日常生活中，人们已经使用了哪些人工智能技术？人们如何在经营中更好地应用人工智能？还有一些相对复杂的问题，例如，人工智能的发展将对人们的隐私产生哪些影响？为什么要为人工智能产品和服务的开发制定伦理准则？

在回答这些问题时，我综合考虑了个人观点和客观数据，旨在既能客观地提供具体数据，也能阐述我的个人见解。但我的主要目的是，激发你对人工智能的兴趣，鼓励你对人工智能进行更深入的研究。

81
已在使用的人工智能

实际上，人们每天都通过各种方式使用人工智能，只是没有想到或意识到而已。下面列举一些最常见的例子。

- **智能个人助理**：Siri、 Cortana和谷歌智能助理都是人们广泛使用的人工智能工具，在本书的其他章节中也多次提及了这些工具。

- **个性化推荐**：你使用过网飞（Netflix）或声田（Spotify，流媒体平台。——译者注）吗？这些平台都使用了人工智能，它们能根据你以往的使用记录来为你推荐视频或音乐。

- **脸书的智能搜索**：脸书的智能搜索应用了图像识别功能，用户可以使用文本来搜索图片。例如，你希望搜索与"家庭"或"比萨"相关的图片，在输入相应的文本后，脸书的智能搜索

就可以帮你找到它们。

- **商品推荐**：当你在亚马逊购物时，亚马逊的机器学习算法会向你推荐你可能感兴趣的类似商品。
- **谷歌搜索**：谷歌搜索多年来一直在应用机器学习技术，它可以根据用户的地理位置和以往搜索过的内容，来提供个性化的搜索结果。
- **谷歌语音搜索**：除了进行文本搜索，你还可以在谷歌搜索上使用语音指令。谷歌使用了语音识别技术来执行用户的语音指令。
- **脸书 Messenger bot**：许多企业都在使用脸书 Messenger中的聊天机器人来回答客户询问。
- **在线欺诈保护**：在线支付系统PayPal通过对大量客户的数据进行分析来评估风险，并使用机器学习来防范欺诈。人工智能是所有在线金融服务的关键技术，因此经常成为网络犯罪的攻击目标。
- **网络广告**：人工智能的应用让网络广告发挥了最佳效用。例如，脸书使用了深度学习算法来分析广告推荐效果的相关数据，用来了解如何更好地实施广告定位，使网络广告被目标受众点击（观看）的概率有效增加。

谷歌语音搜索

这些简单的例子只是告诉你，在人们的日常生活中，已经用到了

很多人工智能工具。这样的例子还有很多。在未来，人们会用到更多的、在后台运行的人工智能工具，它们虽然不惹人注意，但会提供解决方案，为人们的生活带来便利和高效。

人工智能与恐惧

在与他人的交谈中，我注意到，许多人在谈到人工智能时会有一些恐惧。在大多数情况下，这种恐惧源于人们对人工智能缺乏了解，或者过度相信主流媒体对人工智能的解读。

负面新闻往往比正面新闻更能博得公众眼球。许多新闻机构过度宣传负面新闻或夸大描述事件，就是为了最大限度地吸引读者。当下，许多针对人工智能的报道也是如此。

每当有新奇事物出现时，人们几乎都会产生困惑和恐惧。研究人员将其称为"负面偏见"，这个现象反映了人们倾向听到和记住坏消息。

在多数人未获得人工智能知识的情况下，人工智能自然成了负面报道的目标。例如，在2017年夏，许多新闻机构都对脸书的人工智能实验进行了夸大性报道。以雅虎新闻上的一个标题为例：

"机器人自动生成了自己的语言！脸书的工程师陷入恐慌！最后终止了人工智能项目！"

这个耸人听闻的新闻标题的确引起了公众关注，但该报道内容与真相大相径庭。实际上，该事件并未引起脸书工程师的恐慌。有时，媒体的这种"失实"报道仅仅是为了增加流量和获取读者关注而已。

汤姆·麦凯在Gizmodo网站上以《不是事实！脸书并没有因为人

工智能的智能化而感到恐慌，也没有终止项目！》为题发表了一篇文章，介绍了事情的真相。你可以在Gizmodo的网站上读到这篇文章。

我相信，随着人工智能应用的普及，我们还会看到更多类似的头条新闻。此时，我们应该想想之前那些夸张的标题，跟踪消息来源，并做好自己的独立研究，这才是最佳做法。

在人工智能威胁论中，最常见的一个观点是，人类最终会创造出某种超级人工智能，它会伤害甚至杀死人类。

产生这种恐惧的原因之一是，好莱坞对人工智能的骇人演绎。多年来，这些演绎往往是消极的甚至是恐怖的。在一些影片中，经常出现机器人摧毁其创造者的画面。另一个原因是，当前的人工智能技术比以往任何时候都更加先进。基于人工智能的机器人也更加拟人，它们基本都具备了看、听、理解和推理功能，在某些情况下，它们还可以走路和说话，甚至连外观也与人类相似。这些进步会让人们天马行空地臆想出这些机器人的无限潜能。

还有一个可能引发公众恐惧的原因是，许多受人尊敬的科学家和人工智能研究人员在新闻中讨论了一些可能引起人们担忧的问题。史蒂芬·霍金和埃隆·马斯克等著名专家都曾公开警告：如果人们不做好相应的准备和计划，人工智能技术的发展可能危及人类且后果难料，这会加剧公众对人工智能的担忧。

目前，已有数百名专家在研究公众恐惧的问题，包括人工智能和其他科学领域的一些世界顶尖人物。有一些组织，如生命未来研究所（FLI）也在这方面采取了很多举措。我坚信，在努力消除公众对人工智能的毫无根据的恐惧方面，他们做得很棒。

就我个人而言，我对人工智能发展的最大担忧是，一些居心不良者可能将人工智能用于不可告人目的。最明显且最具破坏性的方式就是将人工智能用于战争、恐怖主义、暴力等。一个有危害的例子是，

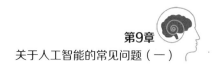

将人工智能用于制造大量假新闻，并以文章或视频等形式散布虚假信息。为了保护公众免受人工智能被恶意应用的影响，人们需要制定并实施相关的伦理准则并进行立法。

下图给出了有关先进人工智能的典型误区。图中的内容来源于生命未来研究所，该研究所对这些误区做了精彩阐述。

关于先进人工智能的七大误区（图片来源：生命未来研究所）

在本书各章，我均阐述了人工智能的积极作用，以及为人们日常生活带来的种种益处。针对一些需要解决的问题和挑战，行业专家们已经在积极工作，并努力寻找解决方案。因此，与其为媒体大肆渲

染的头条新闻担忧，不如开始思考如何在现实生活中更好地应用人工智能。

83

人工智能与隐私

随着人工智能的快速普及和广泛应用，如何保护好公众隐私成为人工智能给社会带来的众多挑战之一。

一些社交媒体和谷歌在此前关于隐私问题的争论不绝于耳。那时，人们还不能通过在网上搜索名字的方式来获取你的信息。而现在，人们对隐私保护的期望和观念已经发生了巨大变化。在很多情况下，谷歌和脸书比我们更了解我们的日常生活和决策过程，这仅通过它们掌握的用户数据就能做到。这使许多人开始担心，他们的隐私会被这类大型科技公司获取并滥用。

在未来几年，人工智能将在生活中的许多领域得到普及。得益于人工智能技术，在医疗保健、教育、公共安全等方面，人们将能体验到令人惊叹的进步。也正是由于人工智能可快速、准确地收集和分析大量数据，使得上述进步正在成为可能。

然而，问题就出现在这些可用的海量数据上。如何确保私人信息不被滥用或用于商业目的？这个问题需要从个人和政府两个层面加以解决，例如，通过修改或制定法律来对公民隐私进行保护。

像苹果的Siri、亚马逊的Alexa和谷歌智能助理都是非常实用的人工智能工具，但同时也意味着，它们能在很大程度上熟悉人们常去的地方和常做的事情。出于这个原因，很多人对使用人工智能App心有余悸，担心这些App的开发者可能把其个人信息用于广告、售卖或更糟的目的。

因此，许多人认为，个人应该能够始终掌握科技公司获取其数据的情况。例如，谷歌的"My Activity"（我的活动）服务可以让用户通过登录自己的谷歌账户，来查看曾在谷歌网站上搜索、观看或访问了哪些内容。

不同的国家会有不同的隐私诉求。例如，欧洲的隐私政策与美国就有很大不同，欧洲的隐私政策通常会随着技术的发展而更为严格、更具前瞻性。

欧盟对此进行了立法，于2018年5月25日颁布了《通用数据保护条例》（General Data Protection Regulation, GDPR）。制定该条例的基本目的是，确保欧盟公民对其个人数据的使用方式拥有更多控制权。

以下是该条例中三个有趣的方面。

- **被遗忘权：** 该权利允许每位欧盟公民有权要求从公司记录中删除其个人信息。

- **知情同意：** 禁止公司使用冗长或令人费解的条款和条件。任何需要用户同意的要求都必须易于理解。这项规定可能给Alexa、谷歌智能助理和Siri等基于人工智能的服务带来巨大挑战。

- **数据可迁移性：** 所有欧盟公民都可以要求当前服务商将其数据传输给另一个服务商。

你可以在GDPR网站查看该条例的全部内容。

欧盟GDPR网站

对一些提供人工智能服务的大型公司来说，要符合这一系列条例很困难。据Gartner公司估计，到2018年年底，50%的人工智能公司将无法完全遵守GDPR。

遵守GDPR意味着，大型科技公司要在发展过程中变得更为规范，也代表着个人隐私权向前迈进了一步。为了遵守GDPR，在欧盟的科技公司将不得不调整其商业行为。希望其他国家也能以此为例，开始制定类似的法律来保护好本国公民的个人隐私。

84

人工智能与社交

研究人员在多年工作中发现，人们变得越发依赖生活中的科技设备。你可以回想一下，看看自己是否还记得上次一整天没用智能手机是什么时候。假如从明天开始你不得不放弃使用智能手机，你会有什么感觉？

畅销书作家托马斯·弗里德曼曾三次获得普利策奖。他在分析技术发展及其对社会影响方面才能卓著。在他写的《谢谢你迟到》一书中，他提醒人们应该将人工智能、指数技术与那些无法用技术实现的事务整合起来："你无法通过下载得到正确的价值观、良好的教学、优质的教育，以及那些需要耗费时间才能实现的事情。"如果整合不当，那么整个社会就将陷入麻烦的泥潭。

智能手机可以让人们即时获取大量信息，可以帮助人们更有效地沟通和解决难题，但长期使用也会有相应的代价。

最近的一份报告显示，脊椎外科医生发现，越来越多的患者出现颈部和背部疼痛，这可能是由于长时间使用智能手机导致的问题。

很多人发现，他们的手机现在已经无法离手了。关于新技术带来问题，这里仅列举一二。

随着社交媒体的兴起，类似的状况会越来越明显。虽然社交媒体可以为人们提供交流、分享信息的平台，但它们也可能导致社交缺陷。例如，某英国心理学家称，过度使用社交媒体会直接导致孤独感增加。

事实上，有些人与计算机或智能手机互动的时间已经超过了与人的互动时间。对于一些人来说，在Instagram（照片墙）上看看自己的照片得到多少个"赞"已经比在现实生活中进行社交更为重要。这些就是使用技术失当引发的问题。

如果人们不能适当地使用技术，那么在人工智能的应用上也很可能发生类似问题。

例如，在未来，像Siri和谷歌智能助理这样的人工智能工具将变得更加强大，它们将可以执行几乎所有任务，甚至能代替人类与其朋友进行简单交流。如果人们过度使用人工智能来做所有的事情，那么就

可能威胁到我们作为人类的一些特质，如建立社会关系的能力等。毫无疑问，这会对个人和社会产生负面影响。

尽管人工智能在改善生活方面潜力巨大，但人们仍应适度使用人工智能。最重要的是，人们应该将人工智能用于创造解决方案，而不要丢失那些属于人类的特质。

85

人工智能是否被过度炒作

几乎任何新奇事物都会引起一定程度的炒作，人工智能也不例外。

"炒作"是指夸大某件事物的益处或可能性的行为，该行为通常与市场营销和促销活动有关。

下图展示了"人工智能"这一关键词的搜索量。

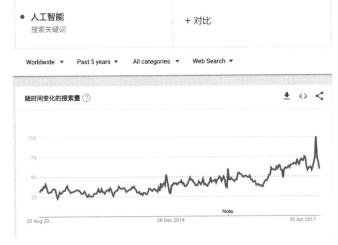

关键词"人工智能"的搜索量（图片来源：谷歌 Trends）

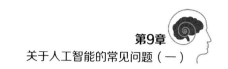

可以清楚地看到，"人工智能"这个关键词的搜索量随时间的推移呈显著增长趋势。这很可能是因为人工智能正在不断渗透到各个行业和App中，或者人工智能在媒体中获得了更多关注。

由于人工智能这一关键词在互联网上的搜索量大幅增加，一些公司为了获得更多的浏览量，就会发布与人工智能相关的虚假信息。例如，任何一家新的科技初创公司都可以随意宣称自己是"人工智能"领域的。通常，这种罔顾事实的行为仅为了增加其帖子的点击量而已。

在Quora网站上的一篇帖子中，Zeeshan Zia博士针对炒作人工智能的做法提出了一些观点。据Zia博士称，在学术研究领域，人们一般不会对人工智能大肆宣传，但对于许多与人工智能相关的商业项目来说，情形就截然不同了。

出于这个原因，Zia博士给我们提供了一个很好的建议：只要看到与人工智能及其功能的相关信息，就要检查一下信息的来源。

86

人工智能与伦理

自人类在地球上居住以来，伦理准则就一直被用来帮助人们定义什么是对的、什么是错的、什么是允许的、什么是禁止的。

从某种程度上说，伦理准则为社会提供了必要的框架，它与公认的共同规则一起规范人们的行为。

在人工智能领域，未来学家戈尔德·莱昂哈德是建立新兴技术相关伦理准则方面的最热心的支持者，他是《人机冲突：人类与智能世界如何共处》一书的作者。他认为，每个人都应该为自己创造出来的东西负责："很多公司在伦理方面表现不佳，它们需要自律，需要承担责

任。如果它们不这样做，那么我们就要采取措施让它们这样做。"

我完全赞同这一观点。在看了莱昂哈德的作品后，我不但更加坚信伦理准则在人工智能领域中的重要性，而且认为大学和其他教育机构也应该教授这一理念。我还建议大家阅读莱昂哈德关于该主题的最新著作，以了解更多有关伦理准则和技术之间的关系。

瑞典哲学家尼克·博斯特罗姆创立了生命未来研究所，并著有《超级智能：路线图、危险性与应对策略》一书。他也倡导制定人工智能开发的伦理准则。

生命未来研究所与几位顶级人工智能专家一同制定了一套人工智能原则，分为三个部分：研究问题、伦理准则和价值观及长期事项。

在该原则中，伦理准则和价值观包括以下内容。

- **安全性**：人工智能系统应在其整个运行周期内都是安全可靠的，而且其可应用性和可行性都应当得到验证。

- **失败透明性**：如果人工智能系统造成了损害，那么造成损害的原因要能被找到。

- **审判透明性**：任何人工智能系统参与的司法决策都应提供令人满意的解释，有资质的人类监管机构要对其进行审核。

- **责任**：在道德方面，高级人工智能系统的设计者和构建者都是人工智能使用、误用的利益相关方，他们对这些影响要担负责任。

- **价值观保持一致**：应该合理设计高度自动化的人工智能系统，以确保其目标和行为在整个运行过程中与人类价值观保持一致。

- **人类价值观**：应该合理设计和运用人工智能系统，使其与人类尊严、权力、自由和文化多样性的理念保持一致。

- **个人隐私**：鉴于人工智能系统有分析和使用数据的能力，人类应有权力访问、管理和控制由他们产生的数据。

- **自由与隐私**：人工智能应用在个人数据的处理时必须做到：不能不当地剥夺人们真正或应有的自由。
- **共享利益**：人工智能应该惠及并赋权更多的人。
- **共享繁荣**：由人工智能创造的经济繁荣应该被广泛地分享，并惠及全人类。
- **人类控制**：应由人类来选择如何或是否委派人工智能来完成人类设定的目标。
- **非颠覆性**：先进人工智能被授予的权力应该尊重并改进社会所依赖的社会和公民秩序，而非颠覆之。
- **人工智能军备竞赛**：致命的人工智能武器军备竞赛应该被禁止。

我认为，所有人工智能的发展，以及教育机构的教育工作，都应该遵循这些原则。

埃隆·马斯克和其他人工智能领域的巨头（图片来源：YouTube）

若想了解更多关于人工智能伦理准则的知识，我建议你观看一段著名的视频（在YouTube上搜索"超级智能：科幻还是虚构"），其中有许多著名的人工智能专家（包括埃隆·马斯克、斯图尔特·罗素、

雷·库兹韦尔、德米斯·哈萨比斯、萨姆·哈里斯、尼克·博斯特罗姆、大卫·查尔默斯、巴特·塞尔曼和让·塔林），该视频展现了他们对人工智能发展的独特观点，以及人们应如何准备并应对人工智能带来的伦理方面的挑战。

87

在日常生活中应用人工智能

你知道吗，即使你不在谷歌或脸书这样的公司工作，也可以马上在生活中应用人工智能。

我的建议是，从现在开始，你要经常思考如何使用人工智能来提高生活效率，更好地为迎接未来做准备。

本书所述的内容应对你有所启发。接下来，请从改变自己的生活方式开始，在日常生活中开始使用人工智能。找一些你最感兴趣的事，挤出时间做深入研究。

以下是你马上就能做的三件事，它们可以让你更加熟悉并接纳人工智能。

- **在智能手机上使用语音命令**：不要在Siri或谷歌助理上用键盘输入命令，而要使用语音命令来做一些简单的操作。例如，设置闹铃或在日历上添加事件等。你还可以在计算机上通过Cortana执行语音命令，甚至可以通过简单的口令来完成搜索任务。熟悉这些工具有助于你做好准备，毕竟，这些智能助理正变得日益强大，也更擅长完成复杂的任务。

- **基于亚马逊Alexa开发自有技术或基于谷歌智能助理开发应用程序**：可以将Alexa看作亚马逊平台的人工智能语音服务。任何公司和个人都可以基于亚马逊Alexa开发语音应用程序或功能。这也同样适用于谷歌智能助理，任何人都可以基于谷歌智能助理开发应用程序，这也是一个较好的选择。就像在几年前，每家公司都想为iPhone或安卓智能手机开发移动应用程序一样，如今的公司都在开发基于智能语音服务的虚拟助理。开发基于智能语音服务的自有技术或应用程序不但是保持技术领先的绝佳方式，而且还能为你的客户或粉丝提供最新的个性化体验。要了解如何基于Alexa开发自有技术和基于谷歌智能助理开发应用程序，可以在亚马逊和谷歌的开发者网站找到更多信息。

- **尝试聊天机器人**：搜索各种聊天机器人，试着用一下，看看它们能帮你什么。你可以在BotList的网站上找到各种聊天机器人的目录。

对于企业来说，GrowthBot是我最喜欢的聊天机器人，它提供了大量关于销售和市场营销的有趣信息。该聊天机器人由HubSpot创建，在脸书Messenger和团队协作工具Slack上可以获得。

BotList网站

以上是几个建议，你可以试着开始使用人工智能来为你的生活增

添一些自动化的"色彩"。如果你还想深入研究与人工智能相关的其他主题，可以查看第6章和第7章末尾的推荐资源。

88

在工作中应用人工智能

许多大型科技公司都高度重视在整个组织中应用人工智能。

无论你经营的是一家大公司还是一家小公司，有一点是相同的，即先行应用人工智能的人会获得最大回报。

花点时间回顾一下人工智能如何改变商业流程那一章，在10个流程中找出2个与你的经营实践最相关的流程。请思考，你应采取哪些步骤才能将人工智能应用到选定的流程中？

对于大多数公司来说，最简单的开始方式是，在脸书 Messenger 上创建一个简单的聊天机器人。在最开始时，该聊天机器人可以处理简单的客户服务查询，在经过优化后，它就能够用于处理更为复杂的任务。

然而，你一定不要止步于此！要积极寻求在公司内部应用人工智能解决方案的方式。还要对竞争对手应用人工智能的方式加以研究。然后，将你的研究结果转化为灵感，思考怎样才能最有效地应用人工智能来使自己的工作获益。

你还可以联系一些人工智能服务的供应商，如IBM的沃森团队，看看他们是否能为你的行业提供合适的人工智能解决方案。

经济学家埃里克·布林约尔松和安德鲁·迈克菲认为，对一些寻求人工智能工具的公司来说，管理层、执行力和想象力构成了三大瓶颈。因为缺乏想象力，公司的管理者很难想象出人工智能可以帮他们做哪些事，例如，开发创新的产品和服务，或者改善工作流程。

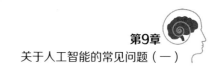

铭记在心，拥抱未来。想象力对企业所有者来说很可能是最有价值的能力。想象力对每个人都有益处，在公司管理中要经常付诸实践。

89

人工智能与其他指数技术

如今，各种指数技术已经普遍用于改善人们的生活和工作方式。指数技术包括物联网、3D打印、区块链、纳米技术、增强现实和虚拟现实、量子计算等。

以上所述的每种技术都值得一试。尤其是当这些技术与人工智能相结合时，其威力会大到令人惊叹。

物联网

- **定义**：根据维基百科，物联网被定义为，通过互联网将各种装置（包括交通工具、楼宇或其他装置）连接起来，涉及传感器、软件和网络功能，以及收集和交换数据的方式。

- **与人工智能结合应用**：在未来，通过互联网将实现万物互联，物联网将成为全球基础设施。

与物联网相连的众多设备能产生海量的数据，使其完美适合人工智能的应用。

例如，物联网可用于帮助自动驾驶汽车更安全地行驶；通过数据分析来预测犯罪趋势从而改善城市治安等。

根据全球大数据大会的说法，人工智能可以为物联网提供以下三个核心要素。

- **图像数据分析**：人工智能技术可使计算机将显示在屏幕上的图像解析为文本信息。
- **个性化定制**：认知系统可以用来协助创建高度个性化的用户体验。例如，人工智能可以通过数据分析来创建符合人们特定口味和偏好的食谱。还可根据个人口味调整配方，推荐定制化的食谱。
- **感官能力增强**：新型传感器可通过计算机从用户周围的各个设备上收集声音信息，从而模拟人类的听觉体验。

3D打印

- **定义**：3D打印是指从数据文件中创建三维实物。现在，3D打印机已经越来越普遍了，你甚至可以在商店里买到。对于消费级的3D打印机来说，其能力有一定的局限性，通常只能打印小型物品。

  然而，人们很快就能使用3D打印来打印体积更大的物品，甚至可以打印出房屋或食物等。

- **与人工智能结合应用**：传统上，大多数3D打印机都是由人工操作的。目前，正在研发的一些项目已涉及通过机器人来操控3D打印机，从而提高生产力。

  一家名为Ai Build的公司目前开发了一台3D打印机，该打印机带有机械臂并应用了计算机视觉，能够以非常快的速度打印出大型物品。

  在下图中，你可以看到一个高约5米的物品，它是由一台带有机械臂并应用了计算机视觉的3D打印机打印出来的。这是将人工智能与3D打印结合应用的完美例子。

由结合了人工智能技术的3D打印机打印出的物品（图片来源：Ai Build网站）

区块链

- **定义**：区块链相当于一个分布式账本，能够永久记录交易数据。最常见的区块链应用就是像比特币这类数字货币。在未来，该技术将扩展到其他领域。例如，在爱沙尼亚，区块链被用于验证电子投票，通过应用该技术，既让在线投票成为可能，又降低了选举作弊的风险。

  区块链还将用于其他重要领域，如法律、医疗保健和数字身份验证等。一些专家将具有区块链技术的互联网称为"Web 3.0"。

- **与人工智能结合应用**：随着越来越多的企业开始接受区块链，我们会看到更多区块链与人工智能相结合的应用。

  美国一家名为doc.AI的初创公司成功在区块链中应用了人工智能。该公司将两项技术结合在一起，用于提供更好的、更个性化的医疗体验。

  据报道，该服务的工作原理如下：

  "区块链用于记录时间和存储数据，然后用人工智能对这些数

据进行解读，从而回答患者关于诊疗方面的询问。"

随着人工智能和指数技术的不断发展，我们会看到将这些技术结合应用的更多实例。

90

人工智能何时超越人类

即便掌握了关于人工智能技术进步的所有信息，人工智能发展的未来趋势仍难以预料。

在本书中，我们介绍了一些当前或即将推出的人工智能技术，这些进展是令人惊叹的。然而，研究人员经常问的一个问题是，人工智能是否能比人类更好地完成所有任务？如果真有这么一天，那么它会在什么时候到来？

牛津大学的人类未来研究所进行了迄今为止最全面的有关人工智能技术进展方面的研究。这项研究专访了352名人工智能研究人员，其研究结果发表在一份名为《人工智能何时会超越人类？》的报告中。你可以在arXiv的网站阅读完整的报告。

以下是这项研究中的一些有趣发现，我对其进行了简要概括。

人工智能很可能沿以下时间轨迹发展，并在以下年份里，在完成相应任务方面超越人类。

- 语言翻译：2024年；
- 高中作文写作：2026年；
- 卡车驾驶：2027年；
- 零售业工作：2031年；
- 畅销书写作：2049年；

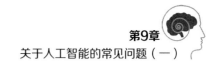

- 外科手术：2053年；

……

该研究还发现，在完成任务方面，人工智能在45年内全面超过人类的概率高达50%。在120年内，人工智能替代所有人类工作的概率也将达到50%。

如果你第一次看到这种预测，你可能感到有些震惊。研究结果很容易使人们"胡思乱想"，认为人工智能将接管世界，或者认为在技术如此先进的情况下，人类将无事可做。

然而，我坚信，人工智能将主要用于执行重复性任务，从而让人们有更多时间专注于人类最擅长的、富有创造性的和具有创新力的工作，或者参加一些有趣的并能够带来快乐的活动。

另外，在该研究中，接受采访的大多数研究人员认为，随着人工智能开始在完成简单任务上逐步超越人类，从整体上看，人工智能对人类产生的影响仍是积极的。

如果你想了解关于该主题的更多内容，我强烈推荐马克斯·泰格马克的《生命3.0：在人工智能时代，人类的进化与重生》，该书对人工智能在未来的发展有深刻的见解。

第10章
关于人工智能的常见问题（二）

人工智能
与世界和平

公众对人工
智能的看法

人工智能
部　长

人工智能
与消除贫困

人工智能
与偏远地区

人工智能领
域的领导者

人工智能
领域的追赶者

人工智能
与政治宣传

人工智能与
地缘政治

人工智能
的武器化

在本章中，我将回答其他一些关于人工智能的常见问题。首先，我讨论一些人工智能可能给世界带来的超凡卓绝的益处，例如，有助于消除贫困，甚至可能实现世界和平等。其次，我将从另一方面讨论人工智能可能给人类带来的一些非常严峻的挑战，例如，将人工智能用于制造武器，进行政治宣传等。再次，我对哪些国家可能在人工智能的发展中处于领先地位进行了有趣的分析。最后，我对各国政府是否应该设立人工智能部长进行了一些调查。

我希望你能对这些主题感兴趣，并在日后密切关注这些问题的发展和演变，因为它们对人们的未来至关重要。

91

人工智能与世界和平

在人工智能的应用领域中，最为复杂和重要的领域或许就是实现世界和平。

在过去的30年里，芬兰教授蒂莫·洪克拉一直在研究人工智能和机器学习，专注于在帮助人类实现世界和平方面，人工智能可以做些什么。

具体来说，他一直致力于创造一种基于人工智能的"和平机器"，以期解决国际冲突，实现互相理解，直至和谐共处。

最近，有人援引洪克拉的话说：

"机器和人工智能不能代替人类，但它们可以为和平进程提供知识、可能性和支持。这些进程通常与对语言、文化和边缘化的理解有关。"

洪克拉强调，如果要真正理解语言和文化，就必须能够回答以下

两个问题。

（1）**如何更好地理解他人？**即使人们使用同一种语言，在两个人的对话中，一个单词也可能有不同的意义或内涵。例如，试想一下，你会怎样理解"正义"或"公平"这样的词。根据你的亲身经验，在进行交流时是否会有先入为主的观点？

在人们想表述的事情被他人以多种方式理解的情况下，人工智能可以提供建议或提示，来帮助人们克服交流障碍。

（2）**如何解决高度情绪化的冲突？**在很多情况下，过去的情感经历会影响人们对特定事件的反应。在大多数时候，人们对自己在交流和处理人际关系时所背负的情感包袱毫无意识，这使人们很难意识到自己并未以适当的方式进行交流。

在这些情况下，人工智能可以提供识别和处理情绪的建议，使人们能够更有效地做出回应。

蒂莫·洪克拉的著作《和平机器》

尽管洪克拉也认为不可能开发出一个完美的人工智能工具，以神奇地解决人类世界的所有冲突，但他仍坚信"和平机器"的开发是朝着正确方向迈出的一步。

92
公众对人工智能的看法

最近，我听到了各种关于人工智能的评论。有些人惴惴不安，这要归因于好莱坞那些恐怖的画面；也有些人兴奋不已，这是因为他们体验到了人工智能在医疗领域所取得的进展；还有些人漠不关心，他们一直不明白人工智能将如何对其生活产生迅速而深刻的影响。

这说明，在很大程度上，公众并未意识到人工智能及其相关技术的进步意味着什么，尤其是在关于人工智能将如何改变社会方面更是如此。这是我觉得必须写本书的原因。

英国皇家学会最近开展了一项研究，尝试了解公众对机器学习的看法。在被问及的人中，至少大多数受访者都知道人工智能这个词。

研究发现，公众对机器学习的最大担忧是，在家里和车上也要使用这些智能工具。因为大多数人认为，这些地方是私人领域，所以这种对隐私问题的担忧也就不难理解了。

随着先进的人工智能技术越来越多地出现在家庭和汽车中，人们开始质疑，如果黑客进入这些系统，或者政府利用该系统监听私人谈话，会有什么后果。这种恐惧很可能导致一些人拒绝在他们的房间和汽车中添加任何人工智能应用程序和设备。

该研究还发现，由于人工智能的进步，大多数公众认为医疗行业最有可能发生积极的变化。

《名利场》杂志也与哥伦比亚广播公司的电视节目《60分钟》就此话题进行了调查。调查结果显示，有2/3的受访者认为，人类智慧对人类的威胁远大于人工智能。

这项调查的参与者还被问及，他们可能最先把哪些决策交给计算机来做。在这些受访者中，有33%的人表示，他们会最先把退休计划的决策权交给计算机。

英国皇家学会的报告强调了创造"谨慎管理"环境的重要性，以确保所有这些人工智能技术惠及全社会。总体来说，我认为这是一个良好的倡议，应该公开推广。

93
人工智能部长

传统上，国家会任命部长或秘书长来监督各个部门或行业，如农业、教育或商业等。

在不久的将来，各国政府可能还需要考虑设立"技术部长"一职，以负责处理与人工智能和机器人相关的重要问题和挑战。

事实上，一些相关问题只有在国家层面才能得以解决。例如，制定确保正确使用人工智能的伦理准则，以及确保技术进步能惠及社会的所有阶层，而不只是高科技公司或富人等。

2017年10月，阿拉伯联合酋长国任命奥马尔·本·苏丹·奥拉马为人工智能部长，成为世界上第一个设立人工智能部长职位的国家。这一重要举措清楚地表明，该国正在积极为人工智能的未来做准备，其做法很可能被其他国家效仿。

2017年2月，丹麦成为第一个任命科技大使的国家，该大使常驻美国硅谷。丹麦的做法起到了带头作用，表明该国正在积极主动地为未来做出切实可行的规划。

丹麦外交大臣安德斯·萨缪尔森就该角色的必要性发表了评论：

"科技大使将带头努力与广大科技践行者（公司、科研机构、国家、城市、政府和组织等）建立更为全面的对话。"

但愿其他国家也能效仿阿联酋和丹麦等国家，在政府部门专设技术领域的领导者角色。这样做，不但能帮助其他领导者了解最新的技术，也可以在保护隐私、伦理准则和公共利益等关键方面发挥作用。

94

人工智能与消除贫困

当我们从新闻中获悉人工智能的益处时，事件通常与企业改进经营方式或提高生产力有关。实际上，人工智能可能更适用于应对一些全球性挑战，如消除贫困等。

人工智能用于消除贫困的一种方法是，将卫星图像和机器学习结合起来。斯坦福大学的一组研究人员目前正在使用这些工具来确定哪些地区最为贫困，以及最需要何种帮助等。

通过这些工具，可以提供贫困指标之——夜间灯光强度。大城市通常有很好的灯光照明，甚至整晚都是如此。相比之下，贫穷、边远地区的夜间灯光强度会很低。人工智能系统可以将夜间灯光照明的图像与白天的图像进行比对，以区分道路、农田和其他地区，从而进一步确定贫困人口最集中的地区。

这项研究的基本目标是，绘制出最贫困地区的详细地图，然后通过与公众分享，从而提高人们对这些地区的了解和援助意识。

世界银行定义的"极度贫困"标准是每天生活费不超过1.9美元。世界银行致力于在2030年前消除"极度贫困"。

上述研究只是目前正在进展的众多项目中的一个，这些项目均在

尝试利用人工智能来帮助世界上最需要帮助的人，并致力于消除贫困。

95

人工智能与偏远地区

未来几年将是非常激动人心的时期，因为各种"创业中心"将在美国、中国和欧洲持续扩张，那里的企业家正致力于开发新颖的人工智能应用和解决方案。

尽管这些进步将最先惠及第一世界国家，但也有很多技术可以在欠发达国家得到应用。

在关于人工智能如何改变各个行业一章中，我讨论了人工智能改变农业的方式。当然，这些技术也可以用于向世界上一些更贫穷、更偏远的地区提供帮助。

基于人工智能的无人机不仅可以监测农作物，还可以解决偷猎等问题。在以前，确定偷猎者的行动地点是一件很难的事，但无人机的应用就会使这件事变得非常容易。

还有一些新的人工智能项目可用于帮助偏远地区的人们。其中，有一款名为Kudi的聊天机器人，可以让人们通过短信向远在尼日利亚等地的朋友汇款。Kudi还可以帮助用户跟踪其消费习惯，以免受欺诈。

另一个例子是尼日利亚初创公司Aajoh开发的一款人工智能App。该App让无法直接获得先进医疗护理的患者通过上传文本、音频或照片来描述其症状，然后人工智能根据患者提供的信息进行医学诊断。

在人工智能用于解决偏远地区的贫困、饥饿和医疗资源匮乏等全球问题方面，这里仅展示以上几例。

聊天机器人Kudi的主页

96
人工智能领域的领导者

目前，在人工智能领域，初创企业最多、技术研究最先进的国家是美国和中国。

长期以来，美国在人工智能领域一直处于领先地位，美国的很多企业还开发了一些最常用的人工智能工具。美国是创造、开发和应用人工智能的基地，拥有包括谷歌、脸书、亚马逊等很多著名的科技公司。

中国目前正努力取代美国在人工智能领域的世界领导者地位。中国已经在人脸识别和其他人工智能技术的商业化方面取得了成功。

根据中国政府公布的数据，到2025年，中国的人工智能产业每年将创造超过590亿美元的产值。预计到2030年，中国将成为人工智能技

术的世界领导者。

考虑到公共部门和私营企业在人工智能发展上的投入，中国很有可能在2030年（甚至更早）成为人工智能领域的世界领导者。当中国在人工智能上投入越来越多的资源时，美国却在削减科技资金，这在无形中给了中国实现其目标的良机。

埃森哲和《前沿经济学》的一份报告预计，到2035年，人工智能产业每年或为中国经济增速贡献1.6个百分点（按总附加值计算）。

《当机器无所不能时该做什么》一书的合著者马尔科姆·弗兰克认为，印度是另一个将在人工智能革命中发挥领导作用的国家，因为印度拥有众多的大型科技公司，并为初创企业提供了充满活力的营商环境。

97

人工智能领域的追赶者

美国和中国已经在人工智能的开发和实施方面处于世界领先地位。当然，还有许多其他国家已经开始在人工智能领域进行大量投资。

加拿大已经推出了几项创新举措，以促进人工智能在该国得到更有效的使用。该国欢迎机器学习和人工智能领域的人才大量加入。

技术领导者移民加拿大的一个原因是向量学院。向量学院致力于人工智能应用的深入研究，并培养了大量深度学习专业的毕业生，数量远超任何学校。

有关向量学院的更多信息可以在其官网上找到。

向量学院的网站

Alphabet旗下的DeepMind之前由谷歌运营，现已在加拿大埃德蒙顿开设了其第一个国际研究实验室。事实上，深度学习领域正是由加拿大学者杰弗里·辛顿和约书亚·本吉奥开创的。脸书已宣布，即将在加拿大蒙特利尔建立一个人工智能实验室，该公司最初将雇用10名人工智能研究人员。简言之，加拿大已具备了成为人工智能超级大国的一些必要条件。

在教育和高科技领域，芬兰也正在成为人工智能领域的领导者。尤哈·西比莱总理曾经谈到，他期望该国在人工智能方面达到世界领先水平。作为一个数字化、创新型国家，芬兰拥有充满活力的创业环境，在人工智能领域的发展方面具有巨大潜力。芬兰还被人工智能领域的全球领导者IBM选中，将使用IBM著名的人工智能工具沃森，以开发个性化医疗服务，并刺激经济增长。

法国总统埃马纽埃尔·马克龙已采取果断行动，以确保法国成为人工智能领域的全球领导者之一。马克龙宣布，在未来几年，法国将为人工智能的研究投入15亿欧元的政府资金。得益于这一声明，微软、IBM和谷歌等美国大型科技公司也相继透露了将在法国投资人工智能项目的计划。

　　我认为，这不仅对于法国，甚至对于整个欧洲来说都是一个重大新闻，因为欧洲国家在人工智能的研发方面远落后于美国和中国。此外，法国很有可能开展一个创新项目，该项目与制定应用人工智能的伦理准则有关。这是个令人兴奋新事物。

　　这些在人工智能领域领先的国家的范例正在被其他一些国家效仿。随着各国政府和组织对应用人工智能的兴致渐浓，将会吸引更多的国家参与其中。

98
人工智能与政治宣传

　　在以前，对于重要选举，投票前的信息传播主要是通过传单和海报来实现。今天，这类信息主要以数字形式进行传播。请注意，利用先进技术可以影响选民的个人观点。

　　通过脸书等服务商提供的海量数据，可以确定潜在选民的特征，如选民的个人喜好、出身，甚至在特定情况下的情绪体验。在选举中，这些数据都可以用于创建定制短信或有针对性的广告。

　　现实中有两个令人遗憾的人为操纵选举的例子，它们都是利用脸书提供的大量数据实现的。一例是2016年的英国脱欧公投（关于英国是否应该退出欧盟的投票），还有一例是同年的美国总统选举。

　　在这两个例子中，英国剑桥分析公司（Cambridge Analytica）创建的人工智能算法被用来影响个体选民的意见。剑桥分析公司的前员工克里斯托弗·怀利最先披露了该公司的不当行为。他表示，如果剑桥分析公司没有把脸书的数据用作政治宣传的武器，英国脱欧的结果或将不会发生。

这两起丑闻都是剑桥分析公司滥用其访问数百万人脸书资料的能力造成的。作为对这些"灾难性"事件的回应，脸书宣布，它承诺限制第三方公司访问其数据的权利，以防止基于政治目的的广告及虚假新闻在脸书上传播。这是一个清楚的例子，阐明了为什么像脸书这样的大型科技公司正在积极努力，防止人工智能被滥用于政治宣传等不良目的。这十分重要。

显而易见，这种数据滥用行为永远不会被完全消除。在未来，人工智能还会被用来创造和传播虚假新闻或进行其他宣传。显然，这些做法造成了很多伦理和道德问题，人们有必要制定法律和法规来加以防范。

99

人工智能与地缘政治

正如在本书其他章节中所探讨的那样，人工智能的发展使社会面临的最大挑战是，人工智能和机器人将取代人类工作岗位。

然而，当讨论与人工智能相关的问题时，人们很少提及另一个话题，即这些新技术有可能带来国家间的不平衡吗？

人工智能正以惊人的速度发展。大规模的研发主要集中在美国和中国。例如，世界上最大的八家人工智能公司（谷歌、亚马逊、脸书、微软、IBM、百度、腾讯和阿里巴巴）的总部都集中在这两个国家。

人工智能研究院院长、创新工场董事长李开复博士在《纽约时报》的专栏（《人工智能的真正威胁》）中讨论了这个问题。李博士认为，由于每个国家都需要人工智能来保持政治和经济上的竞争力，

那些小国或经济较为落后的国家可能不得不与美国和中国进行协商，以获得它们所需要的软件。

他还指出，许多国家的政府可能需要提供某种形式的全民基本收入或补贴，以帮助那些因人工智能而失去工作的人，同时还要应对由于这些人无法缴纳所得税而导致的税收损失。

李博士的观点很有见地，应该推动科技公司和政府合作。因为大型科技公司并不一定总能认识到人工智能工具会给社会甚至全球带来何种影响。

针对人工智能可用性的全球差异性问题，一个潜在的解决方案是，提供更多"开源"的人工智能软件、研究结果和数据。这意味着，世界各地的人们都可以获得有关人工智能的资源，这将促进人工智能更为公平、更可持续的发展。

100

人工智能的武器化

遗憾的是，人们需要面对人工智能武器化的问题。

回想一下历史上出现过的很多技术，在很多情况下，它们产生的最初目的是为了帮助人们更快、更好地完成工作，但后来几乎都被用于战争。

随着人工智能和机器人技术的不断发展，军事组织很可能找到这些技术为其所用的方法。

2017年8月，埃隆·马斯克与来自26个国家的116位CEO和人工智能研究人员共同签署了一封公开信，要求联合国禁止使用人工智能武器。

在这封公开信中，有一段非常重要的表述：

"一旦（致命的人工智能武器）被开发出来，人工智能武器将使武装冲突以前所未有的规模推进，其时间跨度也将快得超出人类的认知范围。潘多拉之盒一旦被打开就难以关闭。因此，我们恳求（联合国）缔约方找到保护所有人免受这些危险的方法。"

这些人工智能领域的先行者们获得了巨大的支持。但愿这些观点能被业界的其他人士遵从。

托比·沃尔什也发表了一封相似的公开信，告诫各国不要开启人工智能军备竞赛。总共有3 105位人工智能和机器人行业的研究人员及其他17 701人在这封信上签署姓名。

生命未来研究所创始人马克斯·泰格马克警告称，我们需要为未来做好充分准备，在开始阶段就要确保人工智能走上正道。泰格马克还表示，对于像火器等其他发明和发现，人类虽犯过错误（用于战争）但还有机会从中吸取教训，而对于先进的超级人工智能来说，亡羊补牢将是一种奢望。

在先进的超级人工智能领域，即便在规划上的小错误也可能导致在未来出现大问题。为了防止这种情况发生，泰格马克敦促所有相关人员参与"安全工程"计划。该计划包括禁止使用致命的人工智能武器；确保人工智能产生的利益在全社会得到公平分配等。

如果你有兴趣关注和了解更多此类问题，我建议你加入生命未来研究所志愿者队伍。

101

你如何为人工智能时代的到来做好准备

读到此处，你对本书的观点和见解还满意吗？我提出的最后一个建议是，制订你自己的人工智能计划并付立即诸行动！

回顾一下那些关于人工智能如何改变人类未来的观点，你认为与自己的工作和生活最相关、最吸引你的观点有哪几个？请从中选出三个，然后制订进一步研究的计划或开始实施。

认识到人工智能即将给人们的生活带来重大挑战并需要人们积极应对是非常重要的。主流媒体往往只报道人工智能使人受益的方面。然而，人们应该全面地了解人工智能将如何改变自己的生活，以及人们如何应对随之而来的挑战。

试想一下，人工智能可能给你的生活带来的一些最大的挑战或问题，然后思考减弱或消除其影响的办法。

我们面临的挑战主要包括：

- 人工智能与就业市场。
- 人工智能与社交。
- 人工智能与伦理准则。
- 人工智能与政治宣传。
- 人工智能与地缘政治。
- 人工智能与恐惧。
- 人工智能的武器化。

我鼓励你接受戈尔德·莱昂哈德提出的明智建议："拥抱科技，但不要成为它的奴隶。"

　　在生活或工作中，尝试创造性地应用人工智能和其他技术是一件很棒的事情。与此同时，更重要的是，你要努力成为一个更加优秀、坚强和健康的人。

　　请避免走极端，例如，完全回避人工智能或过度依赖人工智能。与生活中的许多事情一样，把握分寸非常关键。要让人工智能改善你的生活，但不要让它接管或成为你的生活。要懂得欣赏人生经历中那些奇妙的事物。我们不但要坚持学习，发愤图强和提升自己，还要努力培养那些能够提升人类体验的品质，如社交智商、情商、创造力和整体福祉等。

　　将来，你会遇到许多人，他们渴望了解新技术的应用方式及其良多裨益，请记得与他们分享！

　　最后，尤为重要的是，行动起来——当下有为，未来可期！

反侵权盗版声明

电子工业出版社依法对本作品享有专有出版权。任何未经权利人书面许可，复制、销售或通过信息网络传播本作品的行为；歪曲、篡改、剽窃本作品的行为，均违反《中华人民共和国著作权法》，其行为人应承担相应的民事责任和行政责任，构成犯罪的，将被依法追究刑事责任。

为了维护市场秩序，保护权利人的合法权益，我社将依法查处和打击侵权盗版的单位和个人。欢迎社会各界人士积极举报侵权盗版行为，本社将奖励举报有功人员，并保证举报人的信息不被泄露。

举报电话：（010）88254396；（010）88258888

传　　真：（010）88254397

E-mail：　dbqq@phei.com.cn

通信地址：北京市万寿路 173 信箱

　　　　　电子工业出版社总编办公室

邮　　编：100036